高职专业课程如何实施课程思政教学改革
——以"生物制药设备"为例

李 平/著

吉林大学出版社

·长 春·

图书在版编目(CIP)数据

高职专业课程如何实施课程思政教学改革：以"生物制药设备"为例 / 李平著. —长春：吉林大学出版社，2022.9

ISBN 978-7-5768-0691-5

Ⅰ.①高⋯ Ⅱ.①李⋯ Ⅲ.①高等职业教育－生物制品－化工设备－教学改革－研究②高等职业教育－思想政治教育－教学改革－研究 Ⅳ.①TQ460.5②G711

中国版本图书馆 CIP 数据核字(2022)第 186813 号

书　　名	高职专业课程如何实施课程思政教学改革——以"生物制药设备"为例	
	GAOZHI ZHUANYE KECHENG RUHE SHISHI KECHENG SIZHENG JIAOXUE GAIGE——YI"SHENGWU ZHIYAO SHEBEI"WEI LI	
作　　者	李　平　著	
策划编辑	张文涛	
责任编辑	曲　楠	
责任校对	赵黎黎	
装帧设计	马静静	
出版发行	吉林大学出版社	
社　　址	长春市人民大街 4059 号	
邮政编码	130021	
发行电话	0431－89580028/29/21	
网　　址	http://www.jlup.com.cn	
电子邮箱	jldxcbs@sina.com	
印　　刷	北京亚吉飞数码科技有限公司	
开　　本	787mm×1092mm　1/16	
印　　张	17.5	
字　　数	277 千字	
版　　次	2023 年 4 月　第 1 版	
印　　次	2023 年 4 月　第 1 次	
书　　号	ISBN 978-7-5768-0691-5	
定　　价	98.00 元	

前　言

从 2016 年开始,党中央、国务院、教育部先后召开多次会议,强调推进课程思政建设。

2016 年 12 月,习近平总书记在全国高校思想政治工作会议上发表的重要讲话中指出"其他各门课都要守好一段渠、种好责任田,使各类课程与思想政治理论课同向同行,形成协同效应";2019 年 3 月,习近平总书记再次强调贯彻新时代党的教育方针,把思想政治工作贯穿教育教学全过程,实现全程育人、全方位育人,培养担当民族复兴大任的时代新人;2020 年 5 月,教育部印发《高等学校课程思政建设指导纲要》,要求所有高校、所有学科专业全面推进课程思政建设;2020 年 9 月,《职业教育提质培优计划(2020—2023 年)》中指出:引导专业课教师加强课程思政建设,将思政教育全面融入人才培养方案和专业课程。

党的十九大报告提出全面实施健康中国战略,强调了发展生命健康产业对发展国民经济、保障国民健康,以及提升综合国力的重要性。《山西省生物医药和大健康产业 2020 年行动计划》指出"推进壮大生物医药和大健康产业"。今年在新冠疫情席卷全球的大背景下,发展生命健康产业的必要性和迫切性尤为凸显。

"生物制药设备"作为生物制药技术专业的一门职业核心能力课程,课程思政的开展不够深入,"两张皮""孤岛化"现象普遍存在。医药卫生类高职院校的专业教师,应该响应国家的号召,认真思考本专业课程的思政工作如何开展,如何将社会主义核心价值观、"四个自信"、传统文化、法治意识、质量意识、科学创新、爱岗敬业、团结协作等思政元素有机融入,将学生培养成具有较高职业素养、德技并修的药品行业从业者。

在这样的背景下,本人深入学习《高等学校课程思政建设指导纲要》《职业教育提质培优行动计划(2020—2023 年)》《2021 年全国职业院校技能大赛教学能力比赛》《深化新时代教育评价改革总体方案》等文件精神,以"生物制药设备"课程为例,结合本人多年的教学经验和心得体会,深入探讨了在专业课中如何将思政元素有机融入,落实在专业课中"立德树人"的根本任务,以供高职院校同类专业师生参考、借鉴。

本书共设立了七个章节,分别阐述了高职"生物制药设备"课程思政的研究现状,高职"生物制药设备"课程思政的调查研究,"生物制药设备"的思政元素的挖掘,融入课程思政的教学方法,融入课程思政的课程标准、考核评价体系,课程思政实施的效果调查,最后是总结与展望。

在本书的研究过程中,天津生物工程职业技术学院院长李榆梅教授全程给予了悉心指导和热情帮助;在考核评价体系构建方面,作者多次请教山西药科职业学院贾文雅副教授,贾老师提出了很多中肯的意见;在企业调研方面,同课题组成员国药集团威奇达药业有限公司党群与纪检工作部主任全媛芝、山西锦波生物医药股份有限公司董事长助理雍智博给予了大力支持;天津生物工程职业技术学院的徐意副教授于百忙之中对本书进行审阅,提出了很多专业性的建议;此外,单位的领导和同事在编写过程中也给予了大力的支持和帮助,在此一并表示深深的感谢!最后,感谢12—19级生物制药技术专业的学生,提供了大量详实的实训报告。

本书在写作过程中查阅了大量文献,并引用了同类文献中的部分资料,在此谨向有关作者表示感谢!

在编写过程中,笔者本着科学、严谨的态度,力求内容新颖、精益求精,但笔者水平有限,加之写作时间仓促,不妥之处在所难免,恳请广大师生及时批评指正。

2022 年 1 月

目　录

第一章 高职"生物制药设备"课程思政的研究现状

本章主要介绍了目前高校专业课程的课程思政的研究动态,课程思政核心概念的界定,"生物制药设备"课程思政的建设现状,得出结论:"生物制药设备"课程思政的研究基础薄弱,需要大力推进,这样才能在专业课程中落实立德树人的根本任务。

第一节 概　述

一、国内外相关研究的学术史梳理及研究动态

全国各大高校积极开展专业课程的课程思政教学改革研究,努力将思政教育元素融入学生专业课程学习的全过程。作为医药卫生类高职院校的专业教师,应该响应国家的号召,认真思考本专业课程的思政工作如何开展,如何将爱国主义、"四个自信"、质量意识、科学创新、爱岗敬业、团结协作、安全生产、节能环保、工程伦理等思政元素有机融入,将学生培养成具有较高职业素养、德技并修的药品行业从业者。

生物制药产业作为21世纪最具希望和发展潜力的新兴高技术产业,不仅对国民经济的发展产生巨大的拉动作用,并且为人类的疾病防治带来更多、更安全、更有效,甚至难以替代的手段。党的十九大报告提出全面实施健康中国战略,强调了发展生命健康产业对发展国民经济、保障国民健康,以及提升综合国力的重要性。《山西省生物医药和大健

康产业 2020 年行动计划》指出"推进壮大生物医药和大健康产业"。近两年,新冠疫情全球蔓延,更加凸显出了生命健康产业发展的重要性和紧迫性。生物医药行业的迅猛发展,需要大量技能型生物医药专业人才作为支撑,而高职院校为企业培养、输送了大量的技术技能型人才。目前,全国开设生物制药技术专业的高职院校一百多所,但是"生物制药设备"课程思政的开展不够深入,仅仅是把思政课的内容简单照搬到专业课中,"两张皮""孤岛化"现象普遍存在。

通过在知网、万方广泛查阅资料,找到有关"生物制药设备"课程内容的论文十余篇,这些文章的内容主要是课程体系的建设、教学方法的改革、实训项目的开展等,没有涉及课程思政方面,更没有融入思政元素的课程标准,因此,我们有必要从"生物制药设备"这门课程的特点出发,研究这门课程的思政教育点,拓展相关内容,挖掘其中的思政元素,尝试进行课程思政教学改革,将思政内容与专业内容有机结合,不生硬,不牵强,真正做到潜移默化、润物无声,帮助学生在将来的职业生涯中树立正确的"三观",具有良好的职业教养、具备明辨是非的能力等,实现这门课程的育人功能。

二、核心概念的界定

利用知网、万方网站,查找到"课程思政"的定义有如下几种。

课程思政是将思政教育元素有机融入非思政课程,发挥其思政教育功能,实现思政教育与知识教育有机统一的思政教育模式;所谓课程思政是指将专业课程与思想政治教育相融合,在专业中找准思政切入点,将思想政治教育贯穿于专业之中,最终目的是为国家培养具有崇高理想,坚定信念,健康心智,具有一技或者多技之长的综合素质专业人才;要把做人做事的道理,把社会主义核心价值观的要求,把实现民族复兴的理想和责任融入各类课程之中;将思想政治教育融入课程教学和改革的各环节、各方面,所有教学活动都肩负起立德树人的功能,教师承担起立德树人的职责,在润物无声中融入理想信念的精神指引;课程思政是指以构建全员、全程、全方位育人格局的形式,将各类课程与思想政治理论课同向同行,形成协同效应,把立德树人作为教育的根本任务的一种综合教育理念等。

综上所述,课程思政就是要把思想政治工作贯穿于教育教学全过程,每一位老师、每一门课程都要发挥思想政治教育作用,每一门课程都有育人功能,每一位老师都有育人责任,在教学过程中,既要“授业”,也要“传道”。

第二节　“生物制药设备”的课程特点

药品是治病救人的特殊商品,“做药就是做良心”,高等学校人才培养是育人和育才相统一的过程,因此,我们不能把学生培养成只会机械操作设备、没有职业道德的流水线工人。目前,我们尝试对“生物制药设备”这门课程进行课程思政教学改革,在教学过程中,除了讲解设备的基本知识外,将爱国主义、社会主义核心价值观、“四个自信”、规范操作、质量意识、成本意识、大局意识、安全意识、高效低耗、节能减排、风险规避、责任意识、爱岗敬业、严谨认真、团队精神、创新思维等思政元素有机融入,制订融入课程思政的课程标准、考核评价体系,使学生除掌握基本的知识技能外,在将来的职业生涯中还能够树立正确的“三观”,具有良好的职业教养,具备明辨是非的能力、精益求精的工匠精神等。这就需要每一位教师、每一门课程都要发挥思想政治教育作用,在专业课程中落实立德树人的根本任务。

“生物制药设备”是生物制药技术专业的一门职业核心能力课程,本课程主要学习生物制药设备的基本知识以及药品生产质量管理规范(GMP)与制药设备的一些相关内容;掌握灭菌和过滤设备、公用设备、原料药生产设备、制剂生产设备的原理和类型,使学生学会正确使用、维护、保养各种生物制药设备。通过对生物制药设备结构、原理、操作规范等相关知识的学习,使学生能够胜任生产岗位的设备操作,并为后续学习打下一定基础。由于本门课程讲到的设备都是在生物药物生产、研发过程中用到的大型设备,对学生日常生活来说距离太远,既看不到,也摸不着,内容枯燥难懂,需要具备丰富的立体感官能力和形象思维能力,学生普遍认为该课程学习难度大,不容易理解,逐渐丧失了学习热情。因此,在教学中可以适当引入一些国家的成就、榜样的力量、行业的发展史、企业生产过程中成功的案例和失败的案例等内容,开展课程思政,将爱国主义、"四个自信"、质量意识、科学创新、爱岗敬业、团结协作、安全生产、节能环保、工程伦理等思政元素有机融入专业课程中,以提高学生的学习兴趣。

由此可见,高职"生物制药设备"开展课程思政教学改革,既有急迫性,又有必要性,更有重要性。图 1-1 是课题的技术路线图。

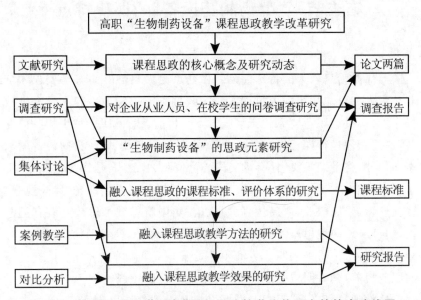

图 1-1 高职"生物制药设备"课程思政教学改革研究的技术路线图

第二章 高职"生物制药设备"课程思政的调查研究

本章主要介绍了采用问卷调查法进行调查研究,首先由课题组编制调查问卷,然后对生物制药企业的从业人员、生物制药技术专业的在校生分别进行调查,以了解企业对人才的需求情况、学生对课程思政的认知情况,为后续梳理课程中每个项目的思政元素提供基础和依据。

为了更好地开展课程思政,课题组成立了新的教师团队,包括专业教师和思政教师,设计了调查问卷,分别对企业的从业人员、在校学生进行问卷调查,以了解企业对人才的需求情况、学生对课程思政的认知情况,结合调查结果,认真梳理每个项目中蕴含的思政元素,落实在专业课中"立德树人"的根本任务。

所有的问卷内容由课题组自行设计,问卷初稿首先由课题组成员山西药科职业学院杨红教授、李英平副教授进行审核、修改,然后邀请天津生物工程职业技术学院院长李榆梅教授审核,专家审定之后,采用"问卷星"编制问卷,通过微信发布调查问卷。问卷分为:"生物制药设备"课程思政专业课实施情况调查问卷(见附录1)、生物药品生产企业从业人员调查表(见附录2),"生物制药设备"课程思政专业课实施情况调查问卷发布给生物制药技术专业的在校生,生物药品生产企业从业人员调查表发布给生物制药企业的从业人员。

下面分别对两份调研结果进行分析:一是对生物制药技术专业在校生的调研情况做分析汇报;二是对生物药品生产企业从业人员的调研情况做分析汇报。

第一节 生物制药技术专业在校生的调查研究

为了对"生物制药设备"这门课程进行课程思政教学改革,现对在校学生进行问卷调查,以了解生物制药类专业课程思政实施现状,以及学生对课程思政的认知情况。

一、调查对象

山西药科职业学院 2018 生物制药技术 1 班、2019 生物制药技术 1 班、晋中职业技术学院等院校生物制药类专业教师及学生。

二、调查方法

对学生采取问卷调查法,对教师采取座谈法和电话访谈法。

三、调查目的

通过问卷调查山西药科职业学院及其他院校生物制药技术专业课程思政实施现状,以及学生对课程思政的认知情况,从而分析专业课程中课程思政改革的实施要点,把握好课程思政的方向。

四、调查问卷设计

课题组成员通过"问卷星"星制作调查问卷,通过微信发布问卷。本文问卷设计基于专业课程视角,主要体现生物制药技术专业课程融入思想政治教育的情况,以及学生对课程思政的反馈情况,共设置了 15 道选择题,问卷内容围绕个人信息、价值认同、政治理论认知情况、学生对专业课融入思想政治教育的态度、教学内容、教学方式等方面开展,调研结果见附录 3。

五、调查结果分析

对在校生的调查收回有效问卷 120 份,结果如下。

从表 2-1、图 2-1 所示的结果来看,参与"生物制药设备"课程思政专业课实施情况调查问卷的人员主要分布在山西省,由于 2018 生物制药技术 1 班正在实习,有少数同学分布在外地。

表 2-1 "生物制药设备"课程思政专业课实施情况调查问卷
答案来源各省份填写分布情况

省　份	数　量	百分比
山　西	112	93.33%
江　苏	4	3.33%
内蒙古	2	1.67%
河　北	1	0.83%
河　南	1	0.83%

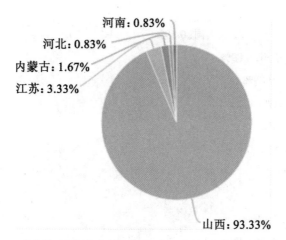

图 2-1 "生物制药设备"课程思政专业课实施情况调查问卷
答案来源各省份填写分布图

从表 2-2、图 2-2 可以看出,参与"生物制药设备"课程思政专业课实施情况调查问卷的人员主要分布在太原。

表 2-2 "生物制药设备"课程思政专业课实施情况调查问卷
答案来源山西省的用户分布情况

城　市	数　量	百分比
太　原	75	66.96%
其　他	10	8.93%
运　城	8	7.14%
临　汾	6	5.36%
长　治	3	2.68%
晋　中	3	2.68%
晋　城	2	1.79%
阳　泉	2	1.79%
吕　梁	1	0.89%
朔　州	1	0.89%
大　同	1	0.89%

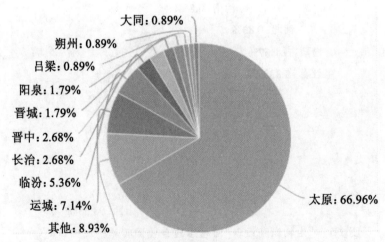

图 2-2 "生物制药设备"课程思政专业课实施情况调查问卷
答案来源山西省的用户分布图

通过对教师的访谈,了解到 5 名教师都认识到在专业课中融入思政内容很有必要,且大部分教师在平常的教学工作中已经体现了思政元素,但是比较零散,不系统。对在校生的调查收回有效问卷 120 份,93%的同学对于时政类话题表示很感兴趣或比较关心;94%的同学选择专业课对个人成长及综合素质培养的影响具有非常重要或比较重要的作用;对课堂教学中,你比较关心的选项:80%的同学选择时政话题,社会生活、专业相关内容二者的比例都是 71%,69%的同学选择国家文化;对专业课上最大的收获这项内容:88%的同学选择学会理性地、批判地看问题,特别是中西方观点方面,69%的同学选择增强爱国主义情怀,67%的同学选择增强了文化自信;对教学内容的改进:78%的同学选择多点中国素材,76%的同学选择多点时事热点;对教学方式的改进:75%的同学选择可以多些课堂展示与互动。图 2-3 所示是"生物制药设备"课程思政实施情况调查问卷部分结果。

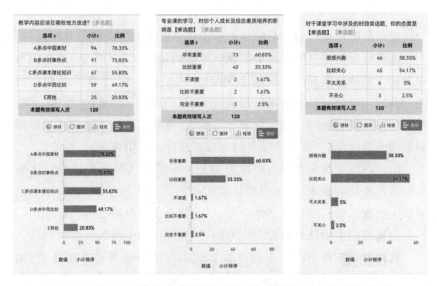

图 2-3　"生物制药设备"课程思政实施情况调查问卷部分结果

从调查结果中可以看出,绝大部分学生希望在教学中融入一些专业知识之外的内容,如,国家时事、社会热点、职业素养引导等内容,对于在专业课程中进行课程思政教学改革比较认同,而且大部分教师在以往的课堂上也在融入思政内容,但是比例较低,比较零散。基于此调查结果,课程组的成员需要认真梳理每个项目内容中蕴含的思政元素,在"生物制药设备"课程中尝试进行教学改革,把思政教育内容有机融入专业课程的教学过程中,落实在专业课中立德树人的根本任务。

第二节　生物药品生产企业从业人员的调查研究

为了对"生物制药设备"这门课程进行课程思政教学改革,现对生物药品生产企业从业人员进行问卷调查,以了解生物制药企业的职业岗位需求,以及岗位对专业知识、职业能力、职业素质的要求。

一、调查对象

国药集团威奇达药业有限公司和山西锦波生物医药股份有限公司。

国药威奇达是中国医药集团旗下重要的抗生素生产基地,位于山西省大同市经济技术开发区医药工业园区,主要产品有:头孢类医药中间体、原料药、粉针剂及克拉维酸医药原料药、青霉素类医药中间体、原料药、口服固体制剂和粉针剂,形成了头孢类、青霉素类从基础原料到终端制剂的完整产业链,是全球知名的克拉维酸钾生产供应商。

山西锦波生物医药股份有限公司是首家实现人源化胶原蛋白生物新材料产业化的企业,位于山西综改示范区太原唐槐园区,是国际目前解析人类胶原蛋白结构最多的企业,旗下拥有多个科研机构,均以修复、再生与抗衰老生物新材料为研究方向,聚焦颜值和生殖两大医学领域。

这两家企业都是山西省内非常有代表性的生物药品生产企业,因此,对这两家企业的从业人员进行调研,结果才有说服力,可以作为教学改革的依据。

二、调查方法

采取问卷调查法。

三、调查目的

对生物药品生产企业的从业人员进行问卷调查,以了解生物制药企业的职业岗位需求,以及岗位对专业知识、职业能力、职业素质的要求。

四、调查问卷设计

课题组成员通过"问卷星"制作调查问卷,通过微信发布问卷,问卷内容除了性别、年龄、学历、职位等常规问题外,主要包括:您认为在工作中比较重要的素质、能力有哪些? 您认为对于学生来说,与专业技能相关的职业素质教育方面应加强的是哪些? 您认为与学生的职业生涯规划关联比较大的因素有哪些? 参与调研的人员以一线生产人员为主,可以是生产岗位,可以是管理岗位,也可以是后勤岗位,不同的岗位有不同的职责、不同的认知、不同的需求,所以邀请不同岗位、各个年龄层次的企业员工参与调研,以期得到比较全面、真实的一手资料。调研结果见附录4。

五、调查结果分析

对生物制药企业的调查收回有效问卷1 933份,结果如下。

从表2-3、图2-4可以看出,参与调研的人员省份以山西省为主,此外也包括了江苏、山东、河北等省份,涉及省份较多,同时也印证了这两家企业的业务范围之广,生产效益之好。

表 2-3 生物药品生产企业从业人员调查表
答案来源各省份填写分布情况

省　份	数　量	百分比
山　西	1 873	96.90%
江　苏	36	1.86%
山　东	10	0.52%

续表

省 份	数 量	百分比
北 京	2	0.10％
四 川	2	0.10％
重 庆	2	0.10％
陕 西	2	0.10％
广 东	1	0.05％
新 疆	1	0.05％
河 北	1	0.05％
辽 宁	1	0.05％
内蒙古	1	0.05％
浙 江	1	0.05％

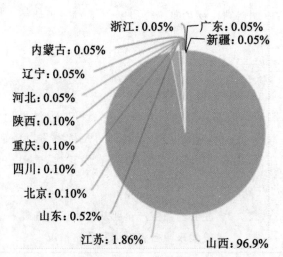

图 2-4　生物药品生产企业从业人员调查表
答案来源各省份填写分布图

其中,山西省的用户分布情况如下。

表 2-4　生物药品生产企业从业人员调查表
答案来源山西省的用户分布情况

城　　市	数　　量	百分比
太　原	887	47.36%
大　同	616	32.89%
其　他	306	16.34%
临　汾	57	3.04%
晋　城	3	0.16%
朔　州	2	0.11%
长　治	2	0.11%

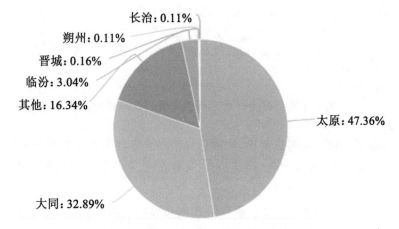

图 2-5　生物药品生产企业从业人员调查表
答案来源山西省的用户分布图

从表 2-4、图 2-5 可以看出,参与调研的山西省的人员主要分布在太原、大同。主要因为参与调研的企业中,国药集团威奇达药业有限公司位于大同,山西锦波生物医药股份有限公司位于太原。

调查结果显示:参与调查的人员中,男女比例接近 8∶2,年龄在 31～40 之间的员工占到 47%,学历以高中(中专)为主,占到 42%,79%

为普通的一线生产人员。在工作中比较重要的思政元素里，位列前五的分别是：爱岗敬业（95%）、团队协作（92%）、诚实守信（77%）、社会责任意识（64%）、爱国主义（63%）；与专业技能相关的职业素质教育方面应加强的选项是：工作态度（90%）、个人品质（83%）、团队协作能力（82%）、社会责任意识（61%）、交际能力（58%）；对于学生的职业生涯规划关联比较大的因素中：工作态度（86%）、专业技能（85%）、爱岗敬业（81%）、团队协作（80%）、独立思考（59%）。图 2-6 所示是生物药品生产企业从业人员调查问卷的部分结果。

下列选项，您认为在工作中比较重要的有 [多选题]

选项	小计	比例
爱国主义	1220	63.11%
法治意识	1184	61.25%
社会责任意识	1244	64.36%
爱岗敬业	1831	94.72%
团队协作	1771	91.62%
工匠精神	835	43.2%
社会主义核心价值观	855	44.23%
药学职业道德	1135	58.72%
职业规划	863	44.65%
诚实守信	1480	76.56%
辩证思维	352	18.21%
四个自信	328	16.97%
科学创新	740	38.28%
独立思考	736	38.08%
成本意识	644	33.32%
大局意识	1004	51.94%
本题有效填写人次	1933	

饼状 圆环 柱状 条形

您认为对于学生来说，与专业技能相关的职业素质教育方面应加强的是哪些？ [多选题]

选项	小计	比例
工作态度	1743	90.17%
社会责任意识	1173	60.68%
个人品质	1601	82.82%
交际能力	1097	56.75%
工匠精神	640	33.11%
信息获取能力	581	30.06%
团队协作能力	1579	81.69%
情绪控制能力	972	50.28%
药学职业道德	817	42.27%
本题有效填写人次	1933	

饼状 圆环 柱状 条形

您认为对于学生的职业生涯规划关联比较大的因素有哪些？ [多选题]

选项	小计	比例
专业技能	1644	85.05%
工作态度	1655	85.62%
独立思考	1148	59.39%
团队协作	1548	80.08%
爱岗敬业	1565	80.96%
法治意识	798	41.28%
大局意识	1025	53.03%
诚实守信	1078	55.77%
辩证思维	378	19.56%
科学创新	791	40.92%
本题有效填写人次	1933	

饼状 圆环 柱状 条形

图 2-6　生物药品生产企业从业人员调查问卷的部分结果

从调查结果中可以看出，生物药品生产企业对一线技能型人才的要求主要体现在：爱岗敬业、团队协作、工作态度、社会责任意识等方面，结合《高等学校课程思政建设指导纲要》中指出的工程伦理教育，明确了本课程的课程思政方向，所以课程组在梳理思政元素时，要充分考虑、融入、体现这些思政元素，落实在专业课中立德树人的根本任务。

第三章　"生物制药设备"的思政元素的挖掘

本章主要介绍了对"生物制药设备"十四个项目内容进行逐项梳理,深入挖掘出每个项目中蕴含的思政元素,包括理论内容的课程思政元素和实训内容的课程思政元素两部分,在教学中通过适当引入一些国家的成就、榜样的力量、行业的发展史、企业生产过程中成功的案例和失败的案例等内容,将爱国主义、"四个自信"、质量意识、科学创新、爱岗敬业、团结协作、安全生产、节能环保、工程伦理等思政元素有机融入专业课程中。同时,将《中国共产党简史》《改革开放简史》《中华人民共和国简史》《社会主义发展简史》的内容也适当融入专业课程的教学过程中。

第一节　概　述

"生物制药设备"是生物制药技术专业的一门职业核心能力课程,主要介绍生物制药设备结构、原理、操作规范等相关知识,由于是一门理工科课程,在以往的教学过程中很少涉及思政教育,但是这门课程与人们生产生活、生命健康联系紧密、息息相关,蕴含了丰富的思政元素。关于本课程教学改革的文献较多,但是关于课程思政改革的文献较少,所以,本文结合教学实践,深入挖掘课程中的思政元素,尝试进行课程思政教学改革。

课题组在对学生、企业充分调研的基础上,结合专业特点、工科课程的课程性质,经过集体学习,反复研讨,对十四个项目内容进行逐项梳理,深入挖掘每个项目的思政内容,找出思政内容的融合点,收集思政素材、企业案例,从学科与行业的发展史、国家成就、社会热点、实验实训、企业生产过程中的成功经验、失败教训等方面引入思政内容,最终确定知识点对应的思政元素。表 3-1 所示是"生物制药设备"授课内容简介,表 3-2 所示是从"生物制药设备"课程中挖掘出的部分思政元素的内容。

表 3-1　"生物制药设备"授课内容简介

授课内容	授课地点	学时数
绪　论	教　室	4
连续灭菌流程、设备	教室＋机房	6
空气净化除菌流程、设备	教　室	4
通风与溶氧传质	教室＋机房	2
通用式、其他发酵罐	教室＋机房	6
动物细胞培养装置、酶反应器	教　室	4
细胞破碎	教室＋机房	2
过滤、离心设备	教室＋机房	4
萃取、离子交换设备	教室＋机房	4
发酵设备与三大管路	车　间	8
空　消	车　间	4
实消、接种	车　间	4
出料、清洗、电极保养	车　间	4
复习、考试	车　间	4
合　计		60

表 3-2　"生物制药设备"的思政元素

项　目	内　容	思政元素	预期成效
项目一 绪论	了解生物制药的发展历史	1. 我国生物制药工厂从零开始的发展足迹:1953 年 5 月 1 日,在童村先生领导下自行设计、建造的我国第一家生产抗生素的专业工厂——上海第三制药厂投入生产,揭开了中国生产抗生素的历史; 2. 施一公,放弃美国国籍和国外的高薪工作毅然回国; 3. 非典及新冠肺炎病毒疫情:自主研发检查试剂和疫苗,拥有自主知识产权; 4. 未来生物设备的发展趋势与国家发展的关系	1. 爱国奉献、努力创新的精神; 2."四个自信":中国特色社会主义道路自信、理论自信、制度自信和文化自信; 3. 中华民族传统美德; 4. 职业使命与责任担当; 5. 增强药学专业自信,激发学习动力; 6. 拥有自主知识产权的重要性; 7.《中国制造 2025》,激励学生要与时俱进,把个人的理想追求融入国家和民族的发展中; 8. 树立终身学习的理念
项目二 培养基连续灭菌设备	培养基连续灭菌的流程	1. 水是培养基的重要组成部分; 2."分批灭菌"和"连续灭菌"的比较	1. 建立起"水资源是国家重要战略资源"的概念,养成节约用水的良好习惯,增强环境保护思维; 2. 辩证思维
	培养基连续灭菌流程中的设备	2006 年欣弗事件	1. 质量意识; 2. 遵守操作规程,培养学生职业道德和社会责任感

续表

项　目	内　容	思政元素	预期成效
项目三空气净化除菌	空气介质过滤除菌设备	1. 废气处理:2019年兰州布氏疫苗事件; 2. 非典及新冠肺炎病毒疫情期间,口罩一度卖到脱销,N95/98/99是指口罩本身的过滤级别,数字越高过滤效果就越好,但是相对透气性能就越差	1. 责任心,职业道德,强化在工程设计中的安全伦理思维; 2. 要有自我防护思维;要养成良好的生活习惯,积极锻炼身体,注意公共卫生,提高自身的免疫力; 3. 减少空气污染,强化环保思维
项目四生物反应器的通风与溶氧传质	生物反应器的通风与溶氧(DO)传质	九大阻力中的主要阻力引出主要矛盾和次要矛盾的关系	1. 告诫学生在工作岗位上要有技术保密思维,这既是对知识产权的保护,更是爱国爱岗的具体体现; 2. 辩证思维
项目五通风发酵设备	通用式发酵罐	1. 建国初期,举全国之力建设华北制药厂,它曾是亚洲最大的抗生素生产厂,它的投产彻底结束了我国青霉素依赖进口的历史; 2. 通用式发酵罐是最常见的生产设备,生产氨基酸、抗生素、维生素、酶制剂等多种生物工业产品; 3. "径向流型搅拌器"和"轴向流型搅拌器"的比较; 4. 我国科研人员发明"维生素C两步发酵法"	1. 爱国奉献、努力创新的精神,职业使命与责任担当; 2. 国际视野; 3. 辩证思维; 4. 拥有自主知识产权的重要性

续表

项 目	内 容	思政元素	预期成效
项目五 通风发 酵设备	其他类型的发酵罐	1. 气升式发酵罐的应用由来已久,主要应用于维生素 C、单细胞酵母、生物燃料发酵和废水处理等,目前国内已有 300 t 维生素 C 发酵气升罐的应用; 2. 机械搅拌自吸罐在食醋生产中的应用:由于气动搅拌发酵罐的形状与搅拌效果与传统玫瑰醋相似,气动搅拌发酵罐生产的玫瑰醋在有机酸、挥发性成分组成与传统玫瑰醋最接近,因此,其感官评定结果也与传统玫瑰醋接近,可以生产较高质量的玫瑰醋; 3. 自吸式发酵罐应用于醋酸、酵母等的发酵生产	1. 爱国奉献、努力创新的精神; 2. 文化自豪感与家国情怀; 3. 节能环保:减少噪声; 4. 成本思维
	发酵设备与三大管路	1. 发酵罐:罐体、搅拌器、挡板、消泡装置、空气分布装置、传热装置等结构的设置情况; 2. 安全阀的设计、发酵罐的通气管路引入罐体的设计、通气管路上的止逆阀的设计	1. 设备操作与工程设计中的安全伦理思维,团队协作,精益求精的工匠精神; 2. 树立工程设计中"严谨认真,安全生产"的思维
	空 消	1. 发酵罐失稳事故分析; 2. 发酵罐大量冷却水的处理	1. 爱岗敬业,良好的责任心和兢兢业业的工作态度; 2. 树立工厂常用的冷却水循环思路,树立在工程设计中的节水、环保思维

续表

项　目	内　容	思政元素	预期成效
项目五 通风发 酵设备	实消、 接种	1. 严谨求实的科学精神,专注认真的工匠精神; 2. 落实标准操作程序(SOP)操作规程,实现规范化操作,最大限度延长设备的寿命周期,在提高生产效率的同时节约经济成本; 3. 严格遵守安全操作规程,保证安全保护装置的完好,设备的正常运行是人身安全、设备安全的保证; 4. 比较"空消"和"实消"的操作	1. 无菌操作意识; 2. SOP操作规程; 3. 安全生产思维; 4. 大局意识; 5. 辩证思维
	培养、出料、清洗、电极保养	1. 在生产中要节约原料和能源,将清洁生产理念与我国构建生态文明建设核心价值观"绿水青山就是金山银山"联系起来,将环境因素纳入设计和所提供的服务中; 2. 对设备要本着"少维修、常管理"的原则,保障设备良好的运行,降低设备维修费用,减少设备的停机时间,提高综合利用率,确保药品生产顺利进行,保障企业利益最大化,实现降本增效; 3. 比较取样和出料的操作	1. 清洁生产思维; 2. 设备保养思维:贯彻设备保养制度,对设备进行科学化、专业化的保养; 3. 节能减排思维; 4. 辩证思维

续表

项 目	内 容	思政元素	预期成效
项目六 动植物细胞培养装置和酶反应器	动植物细胞培养装置	1. 微载体培养技术培养非洲绿猴肾细胞(Vero细胞)生产禽流感疫苗,其生产的规模已经扩大到6 000 L[①]; 2. 天山雪莲、虫草等濒临灭绝的名贵中药的培养; 3. 动物细胞悬浮培养技术应用在兽用疫苗生产中,大大节约了成本,提高了生产率,保证产物质量的可靠性; 4. 动物细胞培养生物反应器广泛应用于各类生物制品及兽用疫苗的研究和生产过程中:如疫苗(口蹄疫苗、狂犬疫苗、脊髓灰质炎疫苗、牛白血病病毒疫苗、巨细胞病毒疫苗等)、蛋白质因子(凝血因子、促红细胞生成素、生长激素、神经生长因子等)、免疫调节剂、烟草细胞培养及单克隆抗菌素体等	1. 爱岗敬业; 2. 民族自豪感与家国情怀; 3. 降本增效思维:降低成本,提高效率
	酶反应器	1. 丝素固定化木瓜蛋白酶填充床反应器,用以降解酪蛋白; 2. 在连续搅拌罐式固定化果胶酶反应器中,用以澄清枇杷果汁,效果良好; 3. 固定化酶微反应器广泛应用于酶抑制剂的筛选和在线蛋白质分析	1. 培养学生树立"人与自然和谐共生意识"; 2. 明确"共建全球生态文明,保护全球生物多样性"的历史担当

---

①6 000 L是相对于传统的生产方式——鸡胚法的生产规模而言。禽流感疫苗传统的生产方式是鸡胚法。现在国内厂家每批鸡胚量在8～20万枚,收获尿囊液量大概在800～2 000 L,然后对尿囊液进行澄清、灭活、超滤等工艺进行纯化。

续表

项　目	内　容	思政元素	预期成效
项目七 细胞 破碎	细胞破碎	1. 超声波细胞破碎仪的使用； 2. 超声波的应用：如 B 超检查、超声碎石等； 3. 溶菌酶在食品工业中作为绿色防腐剂,起到防腐保鲜作用	1. 注意实验安全,规范操作实验设备,对设备进行清洁养护,节约成本； 2. 定时体检,关注健康； 3. 树立"绿色防腐"的理念,关注食品健康
项目八 过滤 设备	过滤设备	1. 新冠疫苗：使用错流或末端过滤或离心,将活性疫苗中间体从生长培养基中分离出来； 2. 新冠病人用负压急救车运送	1.《中国制造 2025》关于生物医药设备的发展方向和重要性——激励学生终身学习,为实现中华民族伟大复兴而奋斗； 2. 生命健康,尊重医护人员
项目九 离心 设备	离心设备	1. 卧螺式离心机用酒精糟液生产 DDGS① 的成熟工艺； 2. 贝克曼库尔特公司经过多年的团队努力,终于研发出了高速冷冻离心机。在样品离心的过程中极大可能会产生气溶胶,气溶胶作为一种看不到摸不着的物质可能会在离心区长期存在,对实验人员的健康造成极大威胁。贝克曼库尔特研发的离心机,在满足对离心机容量、速度以及温度不同需求的同时,实现了生物安全防护,保障检测和研究操作的安全性； 3. 载人离心机用于飞行员模拟驾机训练	1. 关注生物工业三废处理问题,培养生物工程领域的节能、环保、经济思维； 2. 强化学生在生产与检测岗位上的安全意识； 3. 引导学生学好本领,苦练技术,把个人的理想追求融入国家和民族的发展中

①DDGS 是 Distillers Dried Grains with Solubles 的简写,汉译为干酒糟及其可溶物。DDGS 是酒糟蛋白饲料的商品名。

续表

项　目	内　容	思政元素	预期成效
项目十 萃取 设备	萃取设备	1. 屠呦呦团队发现抗疟新药"青蒿素"获得诺贝尔奖,关键在于提取溶剂的选择:选用沸点比乙醇低的乙醚进行低温萃取; 2. 在微波萃取过程中,操作者可以直接、方便地观察物料变化、添加物料和溶剂,随机提取样品、测量温度、搅拌物料。此设备安全、环保、无"三废"产生	1. 敢于试错、迎难而上,敬畏传统、勇于创新,艰苦付出、执着拼搏的科学精神; 2. 中医药自信; 3. 树立设备操作与工程设计中的环保意识
项目十一 离子交 换设备	离子交 换设备	1. 离子交换树脂制备无盐水; 2. 中国离子交换树脂之父何炳林,发明了大孔离子交换树脂	1. 节约用水,环境保护; 2. 开拓奉献,爱国主义

第二节　理论内容的课程思政元素

一、绪论的思政元素

(一)爱国奉献、努力创新

在绪论中,学习生物制药的发展史,那就不得不提到青霉素。青霉素(盘尼西林)的出现挽救了无数人的生命,在二战期间,青霉素通过微生物发酵技术实现了工业化生产,但在中华人民共和国成立初期,我国制药业环境恶劣,举步维艰,关键技术被封锁,无法大规模生产青霉素。

话剧《陈毅市长》中,讲述了这段艰难的创业过程,齐仰之的原型之一就是医学家童村先生。1946—1948 年,在极其艰苦的条件下,汤飞凡和童村等人在北京开始了青霉素的放大生产。之后,张为申、童村教授在极其简陋的实验条件下,迎难而上,刻苦钻研,用廉价的棉籽饼粉代替依赖美国进口的乳糖和玉米浆,解决了发酵原料短缺问题,大幅降低了生产成本,在较短时间内实现青霉素工业化生产,奠定了中国抗生素事业的基础,使我国抗生素产业从零开始发展,为我国青霉素国产化做出了重要贡献。

张为申、童村教授等老一辈的科学家,放弃了国外优厚的待遇,毅然回国,不畏艰险,白手起家,刻苦钻研,攻坚克难,这种伟大的爱国奉献、努力创新的精神永远值得后人学习、纪念。同时也让学生深切感受到国家政府的努力与担当:从当初的一穷二白到现在的抗生素生产大国,从而树立"四个自信":中国特色社会主义道路自信、理论自信、制度自信和文化自信。

从 1953 年开始,经济建设工作有计划地在全国展开。1953 年 12 月,鞍山钢铁公司的三大工程——大型轧钢厂、无缝钢管厂、七号炼铁炉举行开工生产典礼。一大批旧中国没有的基础工业部门一个个建立起来,一大批工矿企业在内地兴办。旧中国重工业过分落后的面貌和不合理布局大大改观。在这期间,上海第三制药厂作为我国第一个抗生素的专业生产工厂投入生产,揭开了中国抗生素工业化大规模生产的历史。

(二)中华民族传统美德

敬爱的周恩来总理,伟大的无产阶级革命家,曾在一次会议上指出:青霉素是"疼霉素",红霉素是"苦霉素",要想想办法,怎样让"疼霉素"不疼,"苦霉素"不苦。周总理虽然不是药学专家,但是从战略高度指出了努力创新的方向:要进行结构改造,剂型改良。周总理严于律己、勤政爱民、一心为公的高尚人格,体现了中华民族传统美德,是中国共产党人优秀品德的写照,影响了一代又一代人,永远为后世景仰。

(三)时事热点——新冠疫情

1. 积极锻炼,生命健康

2020年初,突发的非典型新冠肺炎疫情让大众明白,在特效药研发之前,真正能发挥作用的就是人体自身的免疫力。因此,要倡导同学们合理饮食,规律作息,积极锻炼,调整心态,注意公共卫生,勤洗手,勤通风,不聚集,养成良好的生活习惯,以饱满的状态投身于祖国的社会主义建设中。

2. "四个自信",专业自信

新冠肺炎疫情发生后,各国积极投身于新冠病毒检测试剂和疫苗的研发工作中。新冠疫苗研发技术要求高、研制周期长、投入成本高的特点决定了新冠疫苗只能由少数发达国家来研发和生产。我国是世界上为数不多的能够依靠自身力量解决全部免疫规划疫苗的国家之一。在研发疫苗的过程中,党中央始终坚持把人民生命安全和身体健康放在第一位,调动国内优势力量集中攻关,加大研发投入力度,并且建立国家疫苗储备制度,体现了"集中力量办大事"的社会主义制度的优越性。新冠病毒疫苗研发是充分运用新型举国体制,组织全国各方力量协同攻关,解决国家重大需求的典型案例。我国新冠病毒疫苗的成就,极大地鼓舞了士气,激发了爱国热情,使同学们更加坚定"道路自信、理论自信、制度自信",坚持中国共产党的领导,走中国特色的社会主义道路,同时也激发了学生学好专业知识的使命感,从而增强药学专业自信。

2020年,面对全球性新冠肺炎疫情,"一带一路"国际合作高级别视频会议达成建设"健康丝绸之路"共识,形成高质量共建"一带一路"良好势头。

3. 自主创新,知识产权

在研发疫苗过程中,广大科技工作者努力创新,自主研发疫苗,自己建设新冠疫苗车间,生产设备大部分都是国产设备,这样才避免了像芯片、半导体等很多领域的"卡脖子"问题,在这场疫苗竞赛中展现出了超强的竞争实力。这也让学生们认识到拥有自主知识产权的重要性,只有拥有知识产权才能占据市场竞争的优势,才能挺直腰杆,立于不败之地。

这些伟大成就,激发了学生作为中国人的自豪感、学好药学专业知识的使命感,从而增强专业自信。

2020年9月8日,全国抗击新冠肺炎疫情表彰大会隆重举行。习近平为"共和国勋章"获得者钟南山,"人民英雄"国家荣誉称号获得者张伯礼、张定宇、陈薇,一一颁授勋章奖章。

到2020年12月,中国已向150个国家和13个国际组织提供抗疫援助,有力支持了世界各国疫情防控。2021年5月7日,世界卫生组织宣布,由中国医药集团北京生物制品研究所研发的新冠灭活疫苗正式通过世卫组织紧急使用认证。截至2021年6月6日,中国已组织完成向66个国家和1个国际组织援助新冠疫苗及配套注射器的发运工作。

4. 与时俱进,规划未来

在绪论中,讲到生物制药设备的发展趋势是智能化、信息化、自动化、数字化。生物医药产业是21世纪最具发展潜力的高新技术产业之一,我国的生物制药起步较晚,但是这几年发展迅猛,随着《"十二五"生物技术发展规划》《中国制造2025》《"十三五"生物产业发展规划》、党的十九大报告提出的"实施健康中国战略"、《"十四五"生物医药产业发展规划》,国家逐步加大了对生物医药的扶持力度,尤其是在新冠肺炎疫情暴发后,新冠疫苗的研发和生产中,我们深切认识到像生物反应器这样的核心生产设备的发展趋势除了智能化、信息化、自动化、数字化之外,还应该国产化。这些都需要大量的科技创新人才,从而引导学生学好专业知识,打好基础,与时俱进,将自己的"个人梦"融入"中国梦",要把个人的发展和国家民族的发展紧密联系起来,积极投身于社会主义建设中,正如孟晚舟所言:个人命运、企业命运和国家的命运是十指相连。

二、培养基连续灭菌设备的思政元素

(一)节约用水,环境保护

在讲培养基的配置时,使学生认识到水不仅仅是培养基的重要组成部分,水资源还是国家重要的战略资源。以岛国新加坡、沙漠国家沙特阿拉伯等为例,因为淡水资源缺乏,需要建立工厂将海水淡化处理,以满足国内用水需求。以此引导学生建立"水资源是国家重要战略资源"的理念,养成节约用水的良好习惯,增强环境保护意识。

(二)二者比较,辩证思维

在讲到培养基的灭菌时,会讲到两种操作方式:"分批灭菌"和"连续灭菌"。这两种灭菌操作既有相同点,又有不同点,由此引导学生用辩证的思维看待问题。

不论是"分批灭菌"还是"连续灭菌",都是采用湿热灭菌法来灭菌,所以在灭菌过程中,二者温度变化趋势是一样的:先升温,再保温,最后降温,都要经历这三个阶段,这是相同点。但是二者在操作上有不同点。对于"分批灭菌"来说,因为灭菌全过程只用到一台设备——发酵罐(或者灭菌锅),升温、保温、降温这三个阶段无法同时进行,只能是在时间上错开:先升温操作,之后保温操作,最后降温操作。这样操作比较耗时,灭菌周期长,培养基营养物质损失较多,但是只用到 1 台设备,成本较低,投资较小。相反,"连续灭菌"的三个阶段分别在不同的设备内完成:升温设备进行加热,保温设备维持灭菌温度,降温设备进行冷却,所以升温、保温、降温三阶段可以同时进行,因此,灭菌周期缩短,效率提高,但是用到的设备较多,投资较大。连续灭菌的主要优越性在于它采用了高温快速灭菌工艺,能够在 121℃ 以上的高温加热几秒钟甚至几毫秒,再经过保温来达到灭菌目的,大大降低了营养成分的流失还达到了灭菌的效果。所以,这两种操作方式既有相同点,又有不同点,每种方法既有优点,又有缺点,对于不同的需要和规模,选择不同的灭菌方式,要用辩证思维来看待问题。

(三)爱岗敬业,质量意识

学习培养基的灭菌时,引入 2006 年的欣弗事件:安徽华源在实际生产过程中,未按批准的工艺参数进行灭菌操作,有的降低灭菌温度,有的缩短灭菌时间,或者擅自增加灭菌柜装载量,导致药品灭菌不彻底,无菌检查和热源检查均不符合规定要求。药品是治病救人的特殊商品,药品的质量与人民生命健康息息相关,扬子江药业徐总经理常说:"一瓶药两条命:一条是消费者的生命,一条是企业的生命。我们企业每个人身上都背负着这两条命,丝毫马虎不得。"以这些案例警醒学生作为医药行业的从业者,首先要有质量意识,认识到药品质量关乎性命,在工作中爱岗敬业,一定要严格遵守操作规程,以高度的责任心完成自己的工作,不能有一丝一毫的疏忽。

三、空气净化除菌的思政元素

(一)警示案例,责任意识

在讲空气净化除菌时,引入 2019 年的兰州布氏疫苗事件。众所周知,进入发酵罐的气体要经过除菌净化处理,那么,从发酵罐排出的废气又如何处理呢?能否直接排入大气?此处引入 2019 年 11 月的兰州布氏疫苗事件:发酵罐排出的废气中含有有害菌种,由于使用过期消毒剂导致废气在排放时灭菌不彻底,致使处于下风向的部分人员吸入含菌气溶胶而被感染。由此事件引导学生进行讨论:造成细菌感染的原因是什么,发酵罐尾气排放的处理流程如何设计,以此强化学生在生产过程中的安全伦理意识,同时,也再次强调在工作中要爱岗敬业,严格遵守操作规程,对待自己的工作要有高度的责任心,珍爱生命,这既是对自己负责,也是对他人负责。

(二)生命健康,科学防护

在介绍空气除菌的方法时,要重点介绍一下介质过滤法。介质过滤法,就是用干燥的过滤介质来阻截空气中的微生物,戴口罩其实就是一种介质过滤的方法。在非典型新冠肺炎病毒疫情期间,口罩一度卖到脱销,除了一次性口罩,还有大家熟知的 N95/98/99,这些数字是指口罩本身的过滤级别,口罩中的过滤介质是特殊的超细纤维过滤材料,数字越高代表过滤效果就越好,所以这类口罩适用于医护人员的防护,普通防护用一次性口罩就可以了。以此引导学生在疫情期间注意个人防护,戴口罩,勤洗手,不聚集,多通风,锻炼身体,提高自身免疫力,同时引导家人朋友不要盲目购买 N95/98/99 口罩,尤其是当防护物资紧缺时,优先留给更需要的医护人员。

四、生物反应器的通风与溶氧传质的思政元素

(一)爱岗敬业,保守秘密

每家药企都有自己的核心技术,如配方、生产工艺等,要确保配方的安全性、工艺的保密性。学生在学习、工作中要有保密意识,既要保守国家秘密,也要为企业保守技术秘密,不外泄生产信息,这是对知识产权的保护与尊重,同时也是爱岗敬业的具体体现,更是做人的底线。

(二)分清主次,辩证思维

在细胞培养过程中,氧气的传递过程是从气泡传递到细胞内,氧气需要克服一系列的传递阻力(九大阻力),此时最主要的影响因素,即最大的阻力为气泡外侧的滞流液膜的阻力。可以由此引导学生在实践中,学会区分主次矛盾,要善于抓重点,抓大放小,集中力量优先解决主要矛盾,同时要学会统筹兼顾,要全面地看问题,恰当地处理次要矛盾。

五、通风发酵设备的思政元素

(一)通用式发酵罐的思政元素

1. 科研创新,知识产权

在讲通用式发酵罐时,要重点提到华北制药厂。新中国成立国初

期,举全国之力建设华北制药厂,它曾是亚洲最大的抗生素生产厂,它的投产彻底结束了我国青霉素依赖进口的历史。

此外,还可以引入维生素 C 两步发酵法的案例。20 世纪 70 年代,国内科学家在极端困难的条件下白手起家,自主研发出世界领先的维生素 C 两步发酵法。该方法优点在于大大减少了化工原料污染,改善工人劳动条件,缩短流程,并使生产成本明显降低,因此,具有巨大的经济效益和社会效益。1986 年,国际著名制药企业罗氏制药公司斥巨资,以550 万美元的价格购买我国自主研发的维生素 C 两步发酵法生产技术专利。这一技术的转让费创造了当年我国技术转让费用的最高纪录。这些成就,激发了学生作为中国人的民族自豪感,增强了药学专业自信,引导学生以前辈为学习榜样,积极投身于我国生物医药事业的建设。

1986 年初,国家正式批准实施"星火计划"。11 月,党中央、国务院批准《高技术研究发展计划纲要》,这一计划被命名为"863 计划",是改革开放以来我国首个高技术发展计划。从此,我国高技术研究进入了一个新的发展阶段,上万名科学家在各个不同领域联合攻关,取得了丰硕的科技成果。

2. 优势互补,辩证思维

发酵罐的搅拌器主要有两种:"径向流型搅拌器"和"轴向流型搅拌器"。这两种搅拌器各有优势:涡轮式径向流型搅拌器的压头高,气体分散能力强,可以放置在搅拌器的最下层,最下层的搅拌叶主要用于溶解氧;旋桨式轴向流型搅拌器的流量大,轴向混合性能好,可以放置在搅拌器的最上层,最上层的搅拌叶主要用于大范围的气-液混合。由此引导学生在将来的学习工作中要学会合作:整合资源,优势互补,取长补短,知人善用,强强联手,团队合作。

(二)其他类型发酵罐的思政元素

1. 节能环保,工程思维

在讲到其他类型发酵罐时,可引入新型气升式发酵罐的案例。随着生物发酵产业兴起,大宗发酵产品价格下滑,发酵规模日益扩大,环保要求日趋严苛,工业生产成本陡增,出口增长遭遇瓶颈,发酵生产的能耗控制成为企业能否盈利的关键因素,气升式发酵罐恰恰契合清洁节能生产的趋势。陆宁洲等报道了一种新型气升式发酵罐,采用新型节能进气装置——气液旋流混合器,代替传统的进气分布装置,可以节能70%以上。由此给同学们引入节能环保、减排降耗、减少噪声等工程思维。企业需要通过改造设备、改进工艺等措施,来实现降本增效、减排降耗、节能环保等目标,这是企业的发展趋势和生存之道。

2. 创新工艺,适应时代

在讲其他类型发酵罐时,引入机械搅拌自吸罐在食醋生产中的应用。浙江工商大学食品与生物工程学院的方冠宇等采用不同发酵罐和搅拌频率对浙江玫瑰醋进行机械化酿造,得出结果:由气动搅拌发酵罐生产的浙江玫瑰醋与传统玫瑰醋感官比较相近。与传统的纯手工酿造工艺相比,提高了生产效率,改变了传统的酒醅生产随季节变化容易产生的不稳定性,用冷却设备调节室温和发酵温度,实现了酒醅常年生产质量稳定。

南京工业大学生物与制药工程学院的洪厚胜等采用自吸式发酵罐液态深层半连续法发酵食醋,对传统深层液态法食醋发酵过程进行了研究和改进,确定了改良液态醋风味的深层液态食醋发酵新工艺,改进了食醋风味不足的缺点,引导学生要与时俱进,不断创新,才能适应新时代的发展。

3. 科研创新,降本增效

学习其他类型的发酵罐时,引入自吸式发酵罐生产酵母的案例。陈建元等通过实验研究发现,相对于机械搅拌式发酵罐,采用自吸式发酵罐生产酵母,平均酵母含量提高到2.4倍,发酵周期缩短了近一半,节电率约为40%。高孔荣等通过实验发现,相对于通气搅拌式发酵罐,采用自吸式发酵罐进行酵母生产,酵母产量提高了3～4倍,产品质量较高,动能消耗降低约40%。

以上案例中,自吸式发酵罐由于具有不需要空气压缩机产生压缩空气,有良好的气液传质性能,溶氧量高等特点,相对于传统机械搅拌式发酵罐,有几大优点:①成本降低:不需要空气压缩机减少了设备投资费用,减少了厂房建设用地面积;同时通气量、动能消耗都大幅下降。②效益提高:发酵周期缩短,体积生产率提高,产品质量较高。③环保:解决了空压机产生的噪声污染问题。因此,自吸式发酵罐是一种经济实惠、高效节能的生产设备,由此给同学们引入节能环保、降本增效、减少噪声等工程思维。

六、动植物细胞培养装置和酶反应器的思政元素

(一)工艺改进,成本思维

在讲到动物细胞悬浮培养技术时,可引入兽用疫苗生产的应用案例。目前,细胞悬浮培养技术已经在国外广泛应用于兽用疫苗的生产,国内也有很多的企业开始应用这项技术生产疫苗。与传统的 SPF 鸡胚扩增法相比,细胞悬浮培养技术采用无血清培养基进行培养,采用这种无血清培养基不仅可以降低被污染的概率,而且还大大节约了成本。

在讲到动物细胞悬浮培养技术时,还可以引入口蹄疫疫苗和狂犬病疫苗的生产案例。传统的方法是用贴壁转瓶进行细胞的培养而制备疫苗,费时、费力、收率低,现在逐渐转化为用生物反应器的悬浮培养技术进行动物细胞培养,进而用大规模培养出的动物细胞再进行大规模的兽用疫苗的生产,悬浮培养技术具有病毒产量高、生产效率高、批间稳定、可自动化控制、操作方便等优势。通过这些案例,给学生引入"成本思维",在生产中采用新的生产技术,可以大大降低生产成本,缩短培养周期,提高产品质量、产率。

(二)中药自信,生态保护

在讲植物细胞反应器时,引入天山雪莲、虫草等濒临灭绝的名贵中药的工业化生产案例。我国有丰富的药用植物资源,其中一部分已经被列为珍稀濒危植物,如:天山雪莲、冬虫夏草、人参、甘草、天麻等,这些药用植物由于其独特的药理作用和神奇的药用价值引得人们争相开采,甚至过度开采,造成了野生资源的急剧减少,濒临灭绝,有的地区因此沙漠

化严重。近年来,很多科学家致力于对药用植物进行工业化培养,利用植物细胞培养生产贵重药物既是解决天然植物资源匮乏、活性成分不稳定等问题的有效途径,又有着丰厚的利润回报。由此引导学生要保护野生药用资源,不要私挖滥采,积极响应国家政策"退耕还林""植树造林",构建"绿水青山就是金山银山"的生态文明建设核心价值观。

(三)绿色合成,生态文明

在讲到酶反应器时,引入固定化酶的案例。以固定化酶为催化剂的反应是绿色合成的反应,由此引导学生理解绿色合成对生态保护的重要性,培养学生树立"人与自然和谐共生意识",积极响应联合国《生物多样性公约》的倡议,明确"共建全球生态文明,保护全球生物多样性"的历史担当。

七、细胞破碎的思政元素

(一)实验安全,设备保养

在讲到细胞破碎设备时,可引入超声波细胞破碎仪的使用案例。由于超声波在液体中起空化效应,会使液体的温度很快升高,容易引起生物活性物质的变性,所以,操作时常采用短时间(每次不超过 5 s)的多次破碎,两次破碎操作间隙要外加冰浴冷却,以保证生物活性物质的活性。此外,超声仪在工作时会产生很大的噪声,所以尽可能配备隔音箱,以防止产生噪声污染。除了要注意设备的规范操作,维护保养也非常重要:使用之后要用酒精擦洗探头,或者用清水超声清洗探头,以延长设备的使用寿命。以此引导学生注意实验安全,规范操作实验设备,对设备进行清洁养护,这样才能节约成本,延长设备的使用寿命。

(二)定时体检,关注健康

在讲到细胞破碎设备时,可引入 B 超检查,超声碎石的案例。B 超检查:当超声波射入人体后,在机体的组织器官形成反射波,再经过高能电子计算机,进行能量转换之后形成影像,用于检查、诊断疾病。超声碎石:超声波是一种振动波,可将与其接触的结石震碎,这也是一种物理的共振现象。由此引导学生关注身体健康,作息规律,饮食合理,坚持锻炼,定时体检,对疾病能做到早发现,早治疗。

(三)绿色防腐,食品健康

在讲到细胞破碎设备时,可引入溶菌酶在食品工业中的应用案例。溶菌酶在食品工业中作为安全性很高的绿色防腐剂,起到防腐保鲜作用,它可以替代苯甲酸(钠)等化学防腐剂。以此引导学生树立"绿色防腐"的理念,关注食品健康。

八、过滤设备的思政元素

(一)终身学习,价值引领

在讲到过滤设备时,可引入新冠疫苗的生产案例。在新冠疫苗的生产过程中,最后从生长培养基中将活性疫苗中间体分离出来,就是采用了错流、末端过滤或离心的方法。以此激励学生树立终身学习的理念,学好专业知识,积极投身到祖国的社会主义现代化建设中,为实现中华民族伟大复兴而奋斗。

(二)生命健康,尊重医护

在讲到过滤设备时,也可引入负压急救车的案例——新冠病人用负压急救车运送。对于负压救护车,空气只能流进不能流出,进入救护车的空气会经过过滤系统和消杀设备处理后再排出车外,在救治和转运传染病等特殊疾病病人时可以最大限度地降低医务人员交叉感染的概率。以此引导学生积极锻炼,科学防护,增强自身免疫力,同时要尊重医护人员的劳动,正是这些白衣天使的辛苦付出,守护了我们的生命安全。

九、离心设备的思政元素

(一)工程伦理,安全意识

在讲到离心设备时,可以引入贝克曼库尔特研发的离心机的案例。贝克曼库尔特公司经过多年的团队努力,于 2014 年研发出了高速冷冻离心机。在样品离心的过程中极大可能会产生气溶胶,气溶胶作为一种看不到摸不着的物质可能会在离心区长期存在,对实验人员的健康造成极大威胁。贝克曼库尔特研发的离心机,在满足对离心机容量、速度以及温度不同需求的同时,实现了生物安全防护,保障检测和研究操作的安全性,由此强化学生在生产与检测岗位上的安全意识。

2014 年 6 月,习近平在中国-阿拉伯国家合作论坛第六届部长级会议上首次正式使用"一带一路"的提法,并对丝绸之路精神和"一带一路"建设应该坚持的原则做出系统阐述。

(二)努力上进,价值引领

在讲到离心设备时,还可以引入载人离心机的案例。载人离心机是在地面上模拟飞行器飞行时产生的加速度的机器,主要用于飞行员模拟驾机训练。由此引导学生学好本领,苦练技术,把个人的理想追求融入国家和民族的发展中。

十、萃取设备的思政元素

(一)敬畏传统,科研创新

在讲到萃取设备时,可以引入屠呦呦发现"青蒿素"获得诺贝尔奖的案例。屠呦呦团队发现抗疟新药"青蒿素"获得诺贝尔奖,关键在于提取溶剂的选择:选用沸点比乙醇低的乙醚,采用低温萃取技术。屠呦呦从 1969 年 1 月开始参与研究青蒿素,到 2015 年 10 月获得诺贝尔奖,历时 47 年,不管遇到什么艰难险阻,屠呦呦始终不改初心,脚踏实地。老一辈科学家这种敢于试错、迎难而上,敬畏传统、勇于创新,艰苦付出、执着拼搏的科学精神,永远值得后人学习。

2015 年 4 月,中共中央、国务院印发《关于加快推进生态文明建设的意见》,将"绿水青山就是金山银山"的理念写入其中,为资源节约、生态保护、环境治理提供了行动纲领。

2015 年 11 月,习近平提出要坚持以深化供给侧结构性改革为主线,把着力点放在发展实体经济上,不断提高供给体系的质量。

(二)三废处理,环保意识

在讲到萃取设备时,还可以引入高效微波萃取仪的案例。2016 年研发的高效微波萃取仪在微波萃取过程中,操作者可以直接、方便地观察物料变化,添加物料和溶剂,随机提取样品、测量温度、搅拌物料。此设备安全、环保、无"三废"产生,引导学生树立设备操作与工程设计中的环保意识。

2016 年 5 月,第二届联合国环境大会召开期间,联合国环境规划署发布《绿水青山就是金山银山:中国生态文明战略与行动》,指出以"绿水青山就是金山银山"为导向的中国生态文明战略,为世界可持续发展理念的提升提供了中国方案和版本。

十一、离子交换设备的思政元素

(一)节约用水,环境保护

在讲到离子交换设备时,可以引入离子交换树脂制备无盐水的案例。在制药企业中,经常采用混床对制药用水进行脱盐处理,由于混床中同时有阴阳离子,同时进行阴阳离子交换,所以脱盐的同时,不会引起溶液 pH 的波动,所以也常用于抗生素的精制处理。但是后期树脂再生时,需要用大量的水冲洗,由此给学生引入"节约用水,环境保护"的理念。

(二)科技报国,开拓奉献

在讲到离子交换设备时,可以引入中国离子交换树脂之父何炳林的事迹。何炳林,被誉为"中国离子交换树脂之父",发明了大孔离子交换树脂。1956 年 2 月,在周恩来总理的帮助下,何炳林从美国回国并任教于南开大学。他研制的 201 树脂用于核燃料铀的提取,为我国第一颗原子弹的爆炸成功做出了巨大贡献。以此引导学生学习老一辈科学家科技报国,开拓奉献的精神,激发学生的使命担当精神。

第三节　实训内容的课程思政元素

我院建有生物制药校内生产性实训基地,主要设备有 5 L、50 L、500 L 自动发酵罐、台式离心机、板框压滤机、真空干燥箱、超净工作台、灭菌锅、培养箱、摇床等各种设备,能满足实训教学的需要,并且能够在教学中将信息技术与课堂教学、实训教学有机融合。实训项目以 50 L 自动机械搅拌发酵罐的操作为主,主要包括:准备工作、发酵设备与三大管路、空气过滤器及空气管路的灭菌、空消、加培养基、实消、接种、培养、取样、出料、发酵罐的清洗、电极保养等内容,具体的操作规程见附录 5,并以此为基础,开发了"生物制药设备"实训指导书,见附录 6。

此外,我院还引入了三套软件:生物制药虚拟仿真软件、中试青霉素发酵工艺仿真软件、药育智能药物制剂(GMP)实训仿真系统软件,本课程教学中常操作的软件以生物制药虚拟仿真软件为主。通过模拟操作,调动学生学习的兴趣和积极性。

一、发酵设备与三大管路的思政元素

(一)精益求精,严谨认真

在实训课中,我们要学习、认识发酵罐的结构,由此引入"安全伦理意识"的内容。在学习发酵设备的三大管路:压缩空气的管路、高温蒸汽的管路、水路时,引导学生仔细观察管路中物料的流程、走向,从哪里进,又从哪里出。在观察设备结构、管路设置时,要深刻理解、领会设计理念。

比如,在学习发酵罐的通气管路时,引导学生观察通气管路引入罐体的部位:是从罐身的上部引入,还是从罐身的下部引入罐内,有没有穿过夹套?通过观察,引导学生思考发酵罐的设计问题,最后得出结论:罐内的通气管路越短越好,主要是为了减少罐内死角,降低染菌风险,从而使学生树立工程设计过程中严谨认真的工匠精神。

在学习通气管路上的止逆阀时,引导学生思考止逆阀设计思路。在生产过程中,正常的情况是:空气管路中的空气压入罐内,但如果出现突发事故(空压机故障),空气管路的压力小于罐内的压力,导致罐内液体倒流入空气管路,所以止逆阀的作用是为了防止倒灌而设置的。从而培养学生在生产中的安全伦理意识,并且使学生理解工程设计过程中严谨认真、精益求精的工匠精神。

(二)严谨认真,安全生产

在学习发酵罐的结构时,引导学生仔细观察、学习发酵罐,尤其以5 L、50 L 的发酵罐为重点,结合课堂上讲到的理论内容,找到并认识以下部分:罐体的组成、结构、材质、各自的管道接口;罐体中央搅拌器的型式;罐壁挡板的设置情况;消泡装量;空气分布装置;传热装置等结构。

此外,观察罐体的材质,灌顶、罐底的形状,大罐和小罐有何不同;同样是进气管,小罐从罐顶进气,大罐从罐身进气;大罐和小罐挡板的设置有何不同;夹套在罐体上的相对位置;夹套和挡板、最上层搅拌、消泡装置、液面高度之间的相互关系,通过认真观察,深刻理解设备的设计理念,树立工程设计中"严谨认真,安全生产"的思维。

二、空消的思政元素

(一)爱岗敬业 安全生产

空消过程中,当罐压达到灭菌压力 0.11~0.12 MPa,并且维持了 30~40 min 之后,灭菌结束,这时首先要关闭进罐内的蒸汽,然后接下来要进行冷却:往夹套中通冷却水。在通冷却水进行冷却的过程中,发酵罐的温度、罐压都会随之下降,这时要及时打开进气阀,把压缩空气通入罐内以维持正常的罐压。否则会使罐内压力下降形成真空,使发酵罐承受负压,导致损坏设备或造成污染这样严重的后果。通过对发酵罐压力失稳案例的讲解,结合车间实际生产过程中由于各种失误操作造成的严重后果,培养学生在设备操作中的安全伦理意识,爱岗敬业,要有良好的责任心和兢兢业业的工作态度,严格执行设备操作的 SOP。

(二)节约用水 环保思维

发酵罐在空消、实消时,短时间内会产生大量的冷却水,这么多的冷却水怎么处理,直接排掉吗? 由此引入工厂的冷却水循环思路,对冷却水进行循环利用,从而培养学生在工程设计中节约用水的环保意识。

三、实消、接种的思政元素

(一)求同存异,辩证思维

"空消"和"实消"二者的操作既有相同点,又有不同点。"空消"是对空的发酵罐进行灭菌,"实消"是在"空消"结束后,把配置好的培养基加入罐内,把罐内培养基和发酵罐同时进行灭菌的操作。因为都是对发酵罐进行灭菌。所以大部分操作都相同,但是一个操作罐子是"空的",另一个操作罐子里面加了培养基,是"实的",所以有一些操作不一样。以此引导学生学会用辩证思维分析两者的异同点,比较记忆,求同存异,提高效率。

(二)无菌操作,大局意识

在进行"接种"操作时,需要 2 人互相配合完成。在生产中很多操作都不是一个人能独立完成的,需要大家配合默契,以此引导学生树立"团结协作"的大局意识,互相配合,分工协作,共同完成生产任务。"接种"时要注意进行无菌操作,在火焰上方完成接种,避免染菌,引导学生在工作过程中时时刻刻注意无菌操作,避免因染菌导致的发酵失败,这样才能避免给企业造成更大的损失,保证企业的利益。

(三)SOP 操作,专注认真

在车间里,所有的设备都有 SOP 操作规程,以此引导学生在工作中严格遵守安全操作规程,用严谨求实的科学精神、专注认真的工匠精神对设备进行规范化操作,保证设备的保护装置的完好,保证设备的正常运行,这样才能保证设备安全,保证人身安全,同时能最大限度地延长设备的使用寿命周期,提高生产效率,节约经济成本。

四、培养、出料、清洗、电极保养的思政元素

(一)节能减排,清洁生产

在发酵培养过程中,引入"节约能源,清洁生产"的理念。在生产过程中,既要节约原料,也要节约能源,注意"三废"的处理,引入"清洁生产理念",将生产过程和我国构建生态文明建设核心价值观"绿水青山就是

金山银山"联系起来,考虑环境因素的设计,减少环境污染,实现可持续发展。

(二)设备保养,安全生产

在实训内容中,要对发酵罐等设备进行操作,以此引入"设备保养"的内容。对于操作设备的专业人员来讲,他们需要凭借良好的责任心和兢兢业业的工作态度,严格遵守SOP,对设备建立起一级、二级、三级、四级保养制度,以此来提高设备的综合利用率,延长设备的寿命周期,提高生产效率,节约经济成本,确保药品的安全生产。由此引导学生在将来的工作中要爱岗敬业、精益求精,在设备的使用、维修环节上,严格遵守SOP,保障设备良好的运行状态,保证人身安全,保证设备安全,从而确保药品生产的顺利进行。

(三)辩证思维,对比分析

"取样"和"出料"二者的操作既有相同点,又有不同点。"取样"是在发酵过程中,按照工艺要求,定时、定量取样进行检测;"出料"是在发酵周期结束后的操作。二者目的不同,但是操作上基本相似。以此引导学生学会用辩证思维分析两者的异同点,以提高学习效率。

以上内容是课题组成员集思广益,共同探讨,挖掘出的部分思政元素。当然,思政元素的挖掘,不是一蹴而就的,而是一个长期积累的过程,需要课题组成员不断努力。"生物制药设备"课程思政设计元素中,既包括通用思政元素,又包括专业素养元素,专业素养元素又分为:职业道德、爱岗敬业、创新精神等职业精神;自主知识产权、遵守SOP、团队协作等职业意识;安全伦理、技术保密、节能减排等工程思维,如图3-1所示。

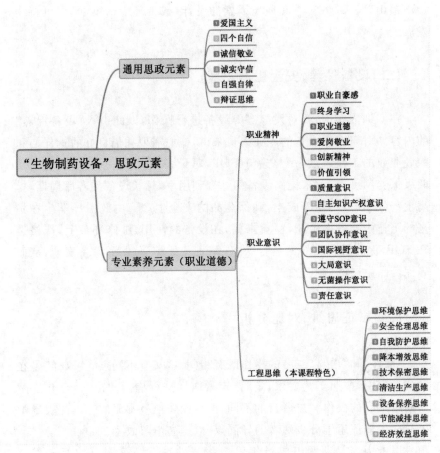

图 3-1 "生物制药设备"的思政元素

第四章　融入课程思政的教学方法

本章主要介绍了将课程思政内容融入专业教学过程的教学方法。为适应"互联网＋职业教育"新要求,在教学中将思政融入的切口利用信息技术与教学有机融合,结合"生物制药设备"课程实际,探索出的教学方法主要有:理实一体、分组讨论法;翻转课堂、案例教学法;提问导入、问题教学法;虚拟仿真、理实一体法;线上线下、混合教学法;对比分析、重点回顾法。

第一节　理实一体、分组讨论法

一、理实一体、分组讨论法

在学习发酵罐的结构时,可以采用理实一体、分组讨论的教学方法。

比如,全班 48 人,先平均分成两大组,每一大组 24 人。这两组同学实训上课时间要交错开。因为生物制药校内生产性实训基地的发酵罐主要有 5 L、50 L、500 L 三种型号,所以在讲发酵罐结构的时候,根据设备型号来分组,每一大组同学在上实训课时再分成 3 小组,每一小组 8 人。教师对其中某一小组主讲其中一个型号的设备结构。因为如果所有同学围在同一台设备旁边,人数太多,总有同学既看不清楚,又听不清楚,课堂效果不太好。所以,现在因地制宜,根据设备分成小组,每一小组都有一个优先听讲的设备。比如,对第 1 小组主讲 5 L 发酵罐的结构,那么第 1 小组的同学优先站在 5 L 发酵罐设备的最前面,占据最有利的观察位置,其他两组同学站位靠后。对第 2 小组主讲 50 L 发酵罐的结构,所以第 2 小组同学优先站在 50 L 发酵罐设备的最前面;对第 3 小组主讲 500 L 发酵罐的结构,所以第 3 小组同学优先站在 500 L 发酵罐设备的最前面,如图 4-1 所示。

a.学习500 L发酵罐的小组　　b.学习50 L发酵罐的小组　　c.学习5 L发酵罐的小组

图 4-1　在发酵车间分组学习发酵罐的设备结构

这样,每一小组都有一个优先听讲的设备,对这台设备的内容要做到非常熟悉,在听讲过程中有任何疑问,不懂的地方随时和教师沟通。但是另外 2 台设备的内容可能要欠缺一些,所以,要向另外 2 个小组分别讨论请教。如第 1 小组对 5 L 发酵罐的结构非常熟悉,另外两组同学会分别轮流向第 1 小组同学请教 5 L 发酵罐的结构内容,第 1 小组的同学有责任、有义务向其他小组的同学讲清楚 5 L 发酵罐的结构内容;同时,第 1 小组的同学要向第 2 小组的同学请教 50 L 发酵罐的结构,向第 3 小组请教 500 L 发酵罐的结构,依次类推。

这样,每一小组既要向其他小组的同学请教学习,也要给其他小组的同学讲解内容,三个小组之间互相讨论,互相学习,完成三个设备结构内容的学习。

小组讨论学习结束后,可能还有同学有疑问(可能其他同学讲不清楚),这时由教师针对个别同学提出的问题答疑解惑。

在学生分组学习的基础上,最后,由教师对 3 台设备的结构进行串讲,做最后的总结,使每个同学加深印象,纠错,解惑。

在 4 学时的时间里(本课程都是 4 节课联排),在生物制药校内生产性实训基地完成了理论内容的教学,实现了理实一体化;同时分组讨论,让学生转换角色,由被动输入变成主动输出,提高了学生学习的主观能动性、课堂参与的积极性。

二、实训内容:发酵罐的结构、管路设置

在实训课上,通过同学们近距离观察、学习发酵罐的结构、管路设置,要求学生在完成实训报告时,要把发酵罐的结构、管道分布、阀门等用铅笔作图画出来,以便加深认识。在画图时,一再强调:实事求是,科学严谨,以实物为准,通过认真观察,深刻理解设备的设计理念,树立工程设计中"严谨认真,安全生产"的思维。对于作图,虽然不要求像机械制图那样精确,但是要客观地反映发酵罐各部分结构的相对位置、相对比例,不能失真,更不能失误。

(一)三大主管路

在学习发酵罐的结构时,同时也要学习它的三大主管路:高温蒸汽的通路、压缩空气的通路、水的通路,要求学生弄明白每种物料的走向。50 L 发酵罐正面的主管路如图 4-2a 所示,50 L 发酵罐背面的主管路如图 4-2b 所示。

a. 50 L 发酵罐正面的主管路　　　b. 50 L 发酵罐背面的主管路

图 4-2　50 L 发酵罐的三大主管路

(二)压缩空气的处理流程

发酵车间的压缩空气完整的处理过程,如图 4-3 所示。

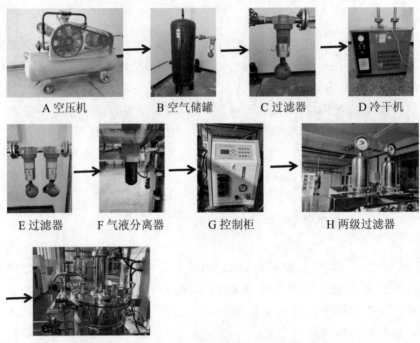

图 4-3   发酵车间的压缩空气的处理过程

为了方便教学,方便学生理解、记忆,团队教师画出了压缩空气处理流程的简单示意图,如图 4-4 所示。

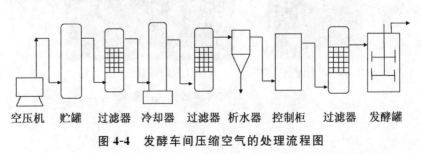

图 4-4   发酵车间压缩空气的处理流程图

(三)5 L 发酵罐的结构

发酵车间有 5 L 发酵罐,设备图如图 4-5 所示。其中,罐顶的结构如图 4-6 所示,罐身的结构如图 4-7 所示。

图 4-5 5 L 发酵罐

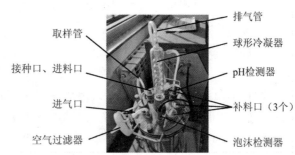

图 4-6 5 L 发酵罐的罐顶结构

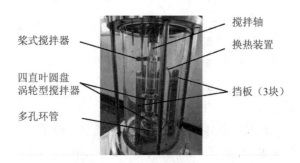

图 4-7 5 L 发酵罐的罐身结构

在观察、学习 5 L 发酵罐的结构时,一定要实事求是,以实物为准,尤其要注意以下细节,从而深刻理解设备的设计理念,树立工程设计中"严谨认真,安全生产"的思维。

罐顶结构:

(1)进气管:在罐顶连接过滤器,进入罐内直通入罐底,连接多孔环管的是进气管。

(2)取样管:从罐顶通入罐内,接近罐底的中空管是取样管。

(3)排气管:位置在罐顶中央,经过球形冷凝器处理的是排气管。

(4)进料口(接种口):口径最大的是进料口、接种口。

(5)补料口:有 3 个,规格一致,位置相邻。

(6)温度检测器:从罐顶通入罐内,通到罐底的是温度检测器。

(7)泡沫检测器:从罐顶通入罐内,通到液面高度的是泡沫检测器。

(8)材质:罐顶的材质是不锈钢。

(9)形状:平板(不是椭圆形或蝶形)。

(10)轴封:使罐顶与轴之间的缝隙加以密封,防止泄露和污染杂菌。

罐身结构:

(1)搅拌器

①组合式:罐内中央的搅拌器有三层搅拌叶,是组合式的搅拌器:最上层的是轴向流型搅拌器——桨式搅拌器,下面两层都是径向流型搅拌器——四直叶圆盘涡轮型搅拌器。虽然教材上讲到的是六直叶圆盘涡轮型搅拌器,但是这个 5 L 发酵罐,它的搅拌器是四直叶圆盘涡轮型搅拌器,为什么不设计成六直叶呢?

②磁力搅拌:搅拌器是底部磁力搅拌,没有电机。

(2)挡板

①数量:3 块挡板。教材上讲到的是 4～6 块挡板,为"全挡板条件",为什么不设计成 4～6 块挡板?

②位置:罐内靠近罐壁处,设置了挡板。挡板在罐内的连接部位,是在罐底,不是罐身。

此外,注意挡板的长度、宽度、挡板与罐壁之间的距离等细节。

(3)换热装置:是倒"U"形换热器,既不是夹套,更不是竖式蛇管。

(4)罐身材质:是耐高温硼硅玻璃,耐受高压灭菌,便于观察培养状况。

(5)空气分布装置:是多孔环管(多孔分布器),不是单孔管。

(6)挡板、换热装置的高度:都是上至液面,下至罐底,最上层搅拌器略高于挡板、换热装置,所以作图时,要充分体现这一点。

对于 5 L 发酵罐,因为体积较小,所以它的结构与平常讲的通用式发酵罐的结构有很大不同,以此为切入点,请同学们仔细观察,认真思考,深刻理解设备的设计理念。

(四)50 L 发酵罐的结构

发酵车间有 50 L 发酵罐,设备如图 4-8 所示,材质为不锈钢。其中,罐顶的结构如图 4-9 所示,罐身的结构如图 4-10 所示,罐底的结构如图 4-11 所示。

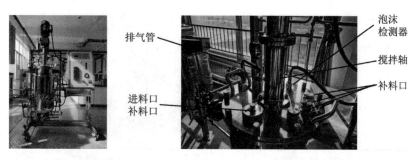

图 4-8　50 L 发酵罐　　　　图 4-9　50 L 发酵罐罐顶的结构

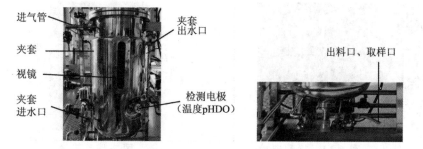

图 4-10　50 L 发酵罐罐身的结构　　图 4-11　50 L 发酵罐罐底的结构

在观察、学习 50 L 发酵罐的结构时,要注意以下细节。

罐顶结构:

(1)罐顶有进料口(接种口)、补料口(3 个)、排气管(靠近中心轴封)、泡沫检测器、搅拌轴(中心位置)、轴封。

(2)形状:平板(不是椭圆形或蝶形)。

罐身结构(罐外):

(1)进气管:位置在夹套之上、罐顶之下,如图 4-12 所示,从罐身进入罐内。

(2)夹套:

①位置:夹套只在罐身,罐底没有,如图 4-13 所示。

②高度:约占罐身的 4/5,如图 4-10 所示。

③检测电极:位置在罐身,但是没有穿过夹套,而是直接通入罐内,如图 4-14 所示。

④夹套的2个口:夹套是换热装置,有2个口,一左一右,一上一下,冷却水下进上出,蒸汽上进下出,如图4-15所示。

图 4-12　进气管

图 4-13　罐底

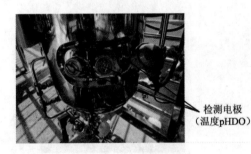
图 4-14　检测电极

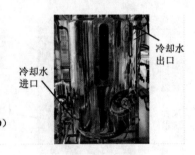
图 4-15　夹套

罐身结构(罐内):

(1)搅拌:有两层搅拌叶,都是径向流型搅拌器——四直叶圆盘涡轮型搅拌器。

(2)消泡耙:搅拌轴上安装有消泡耙,教材上讲到消泡耙的直径为 $(0.8\sim0.9)$D,请同学们仔细观察,这台设备的消泡耙的直径是不是 $(0.8\sim0.9)$D,为何这样设计? 同时仔细观察消泡耙的高度,在什么位置。

(3)通气管:从罐身进入罐内,向下直通入罐底,管口正对发酵罐的中央,是单孔管。

(4)挡板:

①数量:4块挡板,符合"全挡板条件"。

②位置:罐内靠近罐壁处,设置了挡板,通过2个位点连接在罐身。

③同样,注意挡板的长度、宽度、挡板与罐壁之间的距离等细节。

④罐内挡板、罐外夹套的高度:都是上至液面,下至罐底,消泡耙的齿面略高于液面,挡板、夹套、消泡耙三者高度基本持平,没有很大落差,所以作图时,要充分注意这一点。

罐底结构:

(1)出料口、取样口:50 L发酵罐的出料口、取样口在罐底,如图4-11所示。

(2)夹套:罐底没有夹套,如图4-13所示。

(3)形状:椭圆形。

三、实训报告中发酵罐结构示意图、流程图等的分析

本文整理了从2012级生物制药技术专业至2019级生物制药技术专业,连续8届学生,13个班级,536人次,共计1 709份"生物制药设备"的实训报告(作业),详情如表4-1所示。每个班级每个项目的报告,按照优、良、中、阅四个等级分别整理,每个等级找到4份报告作为代表,详情见附录7。从表4-1可以看出,课程名称、课时、开设学期等都随着专业人才培养方案的调整而有所变动。其中,2017级药品生产技术(生物药生产技术方向)1班,由于学院实训室搬迁,新建实训室尚未正式投入使用,因此影响了实训课的正常开展,2017级学生提交的是2份作业,不是实训报告;2018级生物制药技术1班由于开课时受到了新冠疫情的影响,进行了网络授课,也影响了实训课的正常开展,2018级学生提交的是2份作业,也不是实训报告,其余6届学生提交的都是实训报告。2012级、2013级、2014级412班提交了3份报告,没有最后一份,应该是当时教师没有要求学生提交,其余班级都是4份报告,实训报告的内容与附录6"生物制药设备"实训指导书的内容保持一致。

表 4-1 2012—2019 级生物制药技术专业
"生物制药设备"开设情况汇总

开设学期	上课时间	课程名称	课时	开课班级	人数	报告份数/人	报告总数
2013—2014—1	2013.09.02—2014.01.10	生物制药设备	48	2012 级生物制药技术 1～3 班(356、357、358)①	111	3	333
2014—2015—1	2014.09.14—2015.01.23	生物制药设备	48	2013 级生物制药技术 1～2 班(374、375)	100	3	300
2015—2016—1	2015.09.07—2016.01.17	生物制药设备	48	2014 级生物制药技术 1 班(412、413)	91	3(412 班)，4(413 班)	320
2016—2017—2	2017.02.24—2017.07.10	生物制药设备使用与维护	48	2015 级生物制药技术 1～2 班(478、479)	63	4	252
2017—2018—2	2018.03.12—2018.07.13	生物制药设备使用与维护	60	2016 级药品生产技术 3 班(529)	36	4	144
2018—2019—2	2019.03.04—2019.07.12	生物制药设备使用与维护	60	2017 级药品生产技术(生物药生产技术方向)1 班	39	2	78
2019—2020—2	2020.02.24—2020.06.28	生物制药设备使用与维护	60	2018 级生物制药技术 1 班	51	2	102

①"2012 级生物制药技术 1 班"是教务处对班级的命名方法,采用"入学时间＋专业名称＋班级序号"这种方式。356、357、358 等数字是学生处对每一年级所有班级统一排序产生的序号,二者之间的对应关系如表 4-1 所示。从 2017 级开始,统一不再采用数字序号的班级命名法。

续表

开设学期	上课时间	课程名称	课时	开课班级	人数	报告份数/人	报告总数
2020—2021—2	2021.03.04—2021.07.09	生物制药设备使用与维护	60	2019级生物制药技术1班	45	4	180
合计				8届13个班	536		1 709

在实训课上,要求学生在完成实训报告时,要把发酵罐的结构、管道分布、阀门等用铅笔作图画出来。以下节选了 2012—2019 级(2017 级、2018级除外)部分学生的实训报告(都收录在附录 7 中),为了尊重学生的隐私,报告上的姓名、学号都做了模糊处理。从报告中截取了发酵罐结构图、管路图、流程图等内容(截取图上一些无关内容也做了模糊处理),分析图中的错误之处。同时,通过前后 8 届的横向对比,不管是文字,还是作图,都能看出一些变化规律,为今后的教学改革提供了翔实的理论依据、数据支撑。

(一)5 L 发酵罐的结构示意图

1. 2012 级生物制药技术专业 5 L 发酵罐的结构示意图

图 4-16 为 2012 级生物制药技术 1 班(356)5 L 发酵罐的结构示意图。

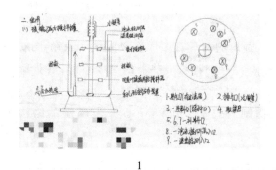

1

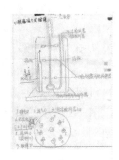

2

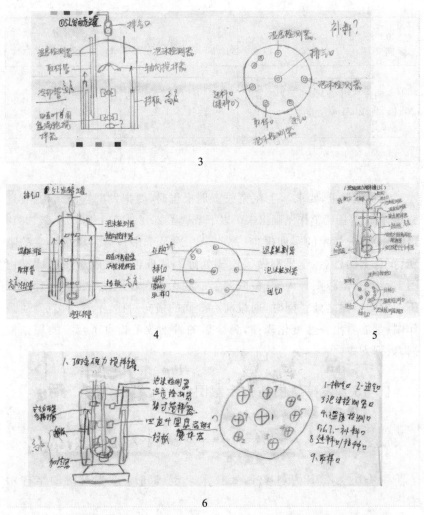

图 4-16　2012 级生物制药技术 1 班(356)5 L 发酵罐的结构示意图

从图 4-16 中可以看出,画出的图具有多样性,每个学生画的图有个体差异,主要问题集中在两点:一是挡板、换热器的高度不够;二是罐顶补料口应该是 3 个。

图 4-17 为 2012 级生物制药技术 2 班(357)5 L 发酵罐的结构示意图。

1

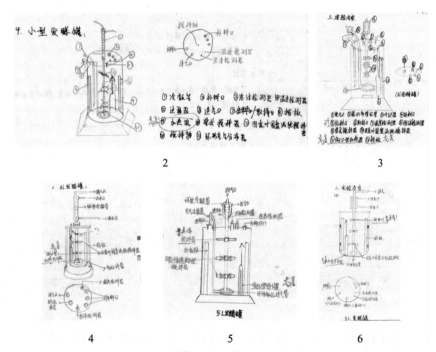

2 3

4 5 6

图 4-17 2012 级生物制药技术 2 班(357)5 L 发酵罐的结构示意图

从图 4-17 中可以看出,画出的图具有多样性,尤其搅拌器很形象,主要问题如下:一是换热器的高度不够;二是最上层搅拌器的名称不具体,没有写出"桨式搅拌器"。其中第 6 个图上,标示挡板是固定在罐壁上,这是不对的,应该连接在罐底。

图 4-18 为 2012 级生物制药技术 3 班(358)5 L 发酵罐的结构示意图。

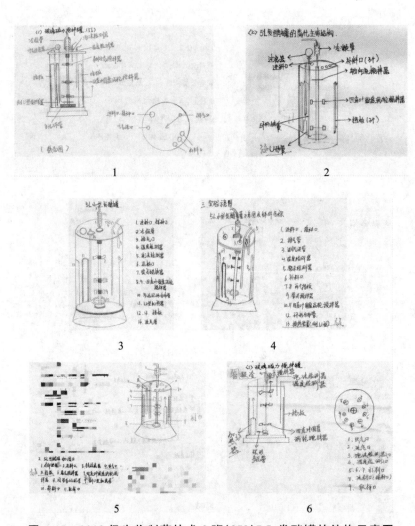

图4-18　2012级生物制药技术3班(358)5 L发酵罐的结构示意图

从图4-18中可以看出,画出的图具有多样性,错误较少,主要问题是挡板、换热器的高度不够。

2. 2013级生物制药技术专业5 L发酵罐的结构示意图

图4-19为2013级生物制药技术1班(374)5 L发酵罐的结构示意图。

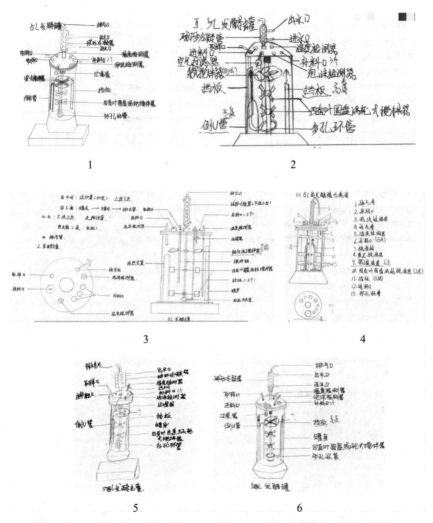

图 4-19 2013 级生物制药技术 1 班(374)5 L 发酵罐的结构示意图

从图 4-19 中可以看出,画出的图具有多样性,主要问题:一是桨式搅拌器的叶片(1、2、5、6)应该是 2 片,不是 4 片;二是部分图上挡板、换热器的高度不够;三是 5 L 发酵罐的体积,居然写成 5 mL(5、6)。

图 4-20 为 2013 级生物制药技术 2 班(375)5 L 发酵罐的结构示意图。

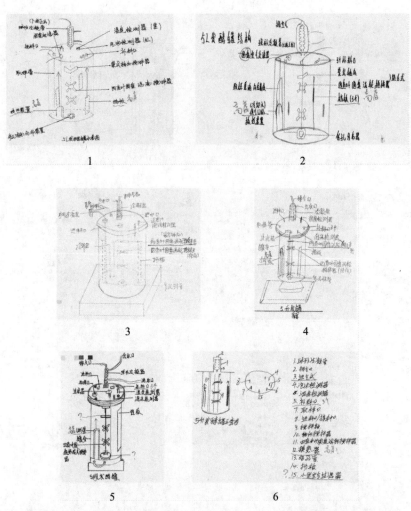

图 4-20 2013 级生物制药技术 2 班(375)5 L 发酵罐的结构示意图

从图 4-20 中可以看出,画出的图具有多样性,主要问题:一是最上层桨式搅拌器的名称有误,不应该是两直叶圆盘涡轮型搅拌器(3、4);二是部分图上挡板、换热器的高度不够。

3. 2014 级生物制药技术专业 5 L 发酵罐的结构示意图

图 4-21 为 2014 级生物制药技术 1 班(412)5 L 发酵罐的结构示意图。

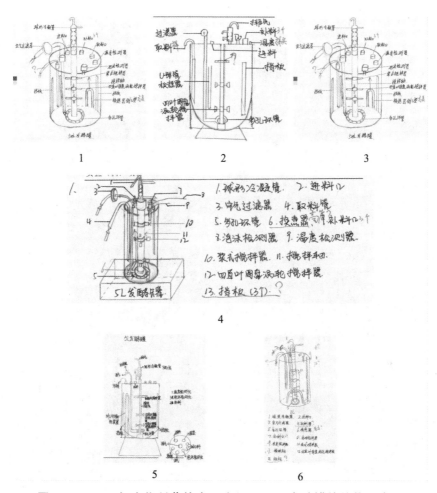

图 4-21　2014 级生物制药技术 1 班(412)5 L 发酵罐的结构示意图

从图 4-21 中可以看出,画出的图具有多样性,而且罐顶的管道很形象,很逼真,很全面,主要问题:一是部分图上换热器的高度不够;二是部分图上没有画出挡板(4、6);三是部分图上没有标出取样管(3、6)。

图 4-22 为 2014 级生物制药技术 2 班(413)5 L 发酵罐的结构示意图。

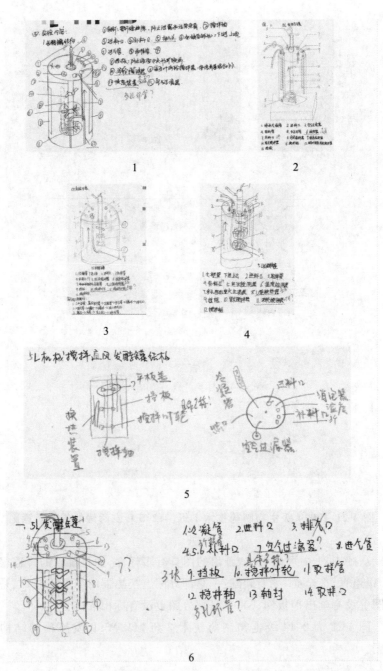

图 4-22　2014 级生物制药技术 2 班(413)5 L 发酵罐的结构示意图

从图 4-22 中可以看出,画出的图具有多样性,主要问题:一是部分图上换热器的高度不够;二是部分图上排气管的标注有误;三是部分图上把下面两层搅拌器画成了六直叶圆盘涡轮型搅拌器(1、4);四是补料口的数量、位置有误。

4. 2015 级生物制药技术专业 5 L 发酵罐的结构示意图

图 4-23 为 2015 级生物制药技术 1 班(478)5 L 发酵罐的结构示意图。

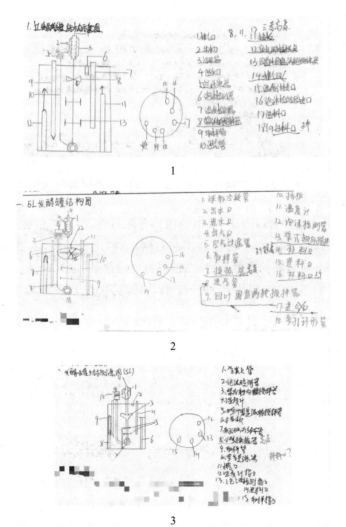

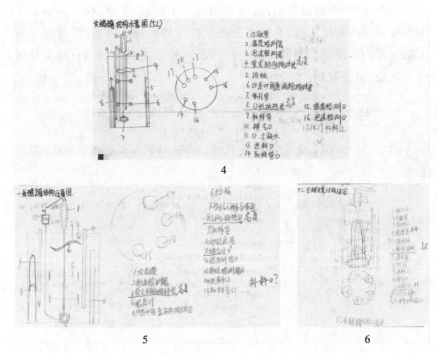

图4-23　2015 级生物制药技术 1 班(478)5 L 发酵罐的结构示意图

从图 4-23 中可以看出,画出的图具有多样性,而且都单独画了罐顶的结构图,都把图注统一标注在图的右侧,结构比较齐全,主要问题:一是部分图上换热器的高度不够;二是补料口的数量、位置有误。

图 4-24 为 2015 级生物制药技术 2 班(479)5 L 发酵罐的结构示意图。

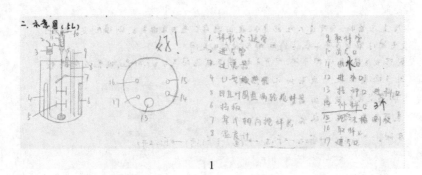

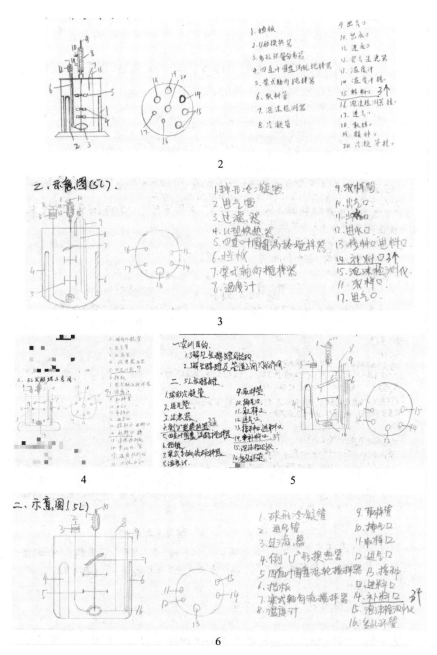

图4-24 2015级生物制药技术2班(479)5 L发酵罐的结构示意图

从图4-24中可以看出,画出的图具有多样性,大部分同学都注意到了换热器的高度,只是补料口的数量、位置标注有误。

5. 2016 级药品生产技术 3 班(529)5 L 发酵罐的结构示意图

从图 4-25 中可以看出,图的多样性已经不太明显,图上的标注已经大幅减少,主要问题依然是换热器的高度不够。

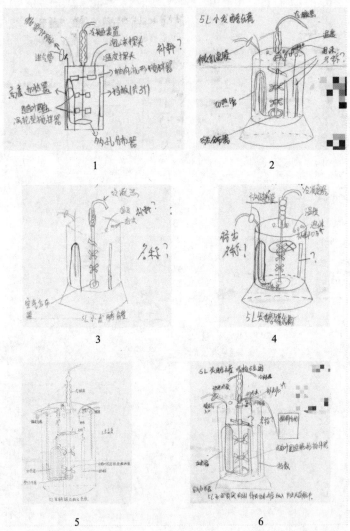

图 4-25　2016 级药品生产技术 3 班(529)5 L 发酵罐的结构示意图

6. 2019 级生物制药技术 1 班 5 L 发酵罐的结构示意图

从图 4-26 中可以看出,2019 级生物制药技术 1 班的作图风格陡变。

首先,图的内容惊人相似,没有分毫差异,仿佛一条流水线上生产出来的系列产品;其次,没有图题,只有两个图;最后,两个规格的设备图内容高度交叉融合,不分你我,雌雄莫辨,做到了"你中有我,我中有你"。如果说左边的图是 5 L,但是图上有电机、视镜、消泡耙,进气口在罐身;如果说右边的图是 50 L,取样口在罐顶,罐内有冷却管。这种情况很是令人困惑,教师也束手无策,分辨不出哪个是 5 L,哪个是 50 L 的结构示意图。

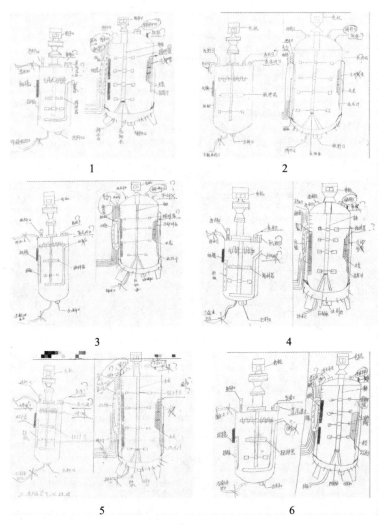

图 4-26　2019 级生物制药技术 1 班 5 L 发酵罐的结构示意图

(二)50 L 发酵罐的结构示意图

1. 2012 级生物制药技术专业 50 L 发酵罐的结构示意图

图 4-27 为 2012 级生物制药技术 1 班(356)50 L 发酵罐的结构示意图。

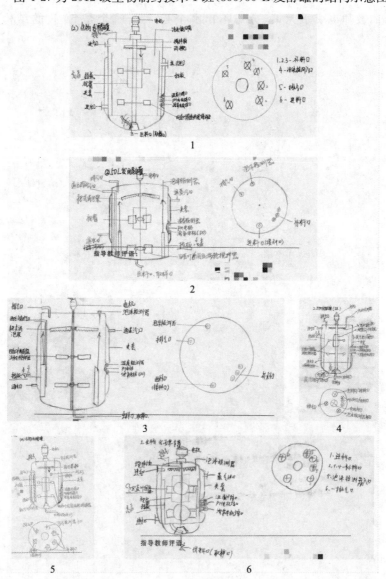

图 4-27　2012 级生物制药技术 1 班(356)50 L 发酵罐的结构示意图

从图 4-27 中可以看出,画出的图具有多样性,每个学生画的图有个体差异,主要问题集中在三点:一是挡板、夹套、消泡耙三者的高度落差太大;二是部分图上没有画出排气管;三是罐内不应该有蛇形管。

图 4-28 为 2012 级生物制药技术 2 班(357)50 L 发酵罐的结构示意图。

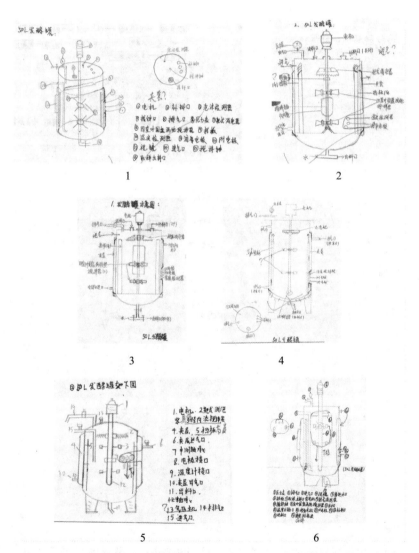

图 4-28　2012 级生物制药技术 2 班(357)50 L 发酵罐的结构示意图

从图 4-28 中可以看出,画出的图具有多样性,每个学生画的图有个体差异,主要问题集中在三点:一是检测电极应该直通罐内;二是挡板、夹套、消泡耙三者的高度落差太大;三是部分图上没有画出进气管(2、3)。

图 4-29 为 2012 级生物制药技术 3 班(358)50 L 发酵罐的结构示意图。

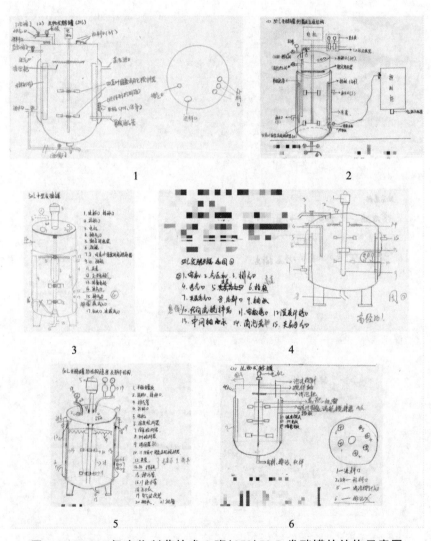

图 4-29　2012 级生物制药技术 3 班(358)50 L 发酵罐的结构示意图

从图 4-29 中可以看出,画出的图具有多样性,主要问题还是集中在挡板、夹套、消泡耙三者的高度没有持平;此外,有的设备高径比失真(4),太矮胖了。

2. 2013 级生物制药技术专业 50 L 发酵罐的结构示意图

图 4-30 为 2013 级生物制药技术 1 班(374)50 L 发酵罐的结构示意图。

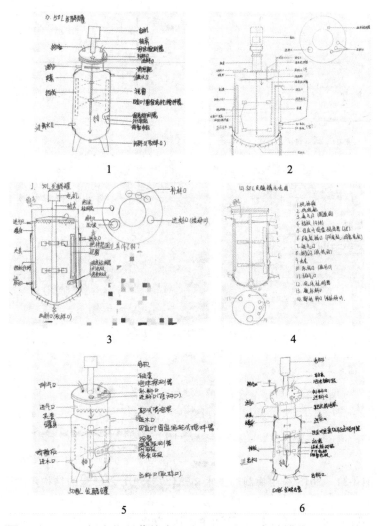

图 4-30　2013 级生物制药技术 1 班(374)50 L 发酵罐的结构示意图

从图 4-30 中可以看出,画出的图具有多样性,主要问题还是集中在挡板、夹套、消泡耙三者的高度落差太大;此外,部分图上夹套把罐底都包进去了。

图 4-31 为 2013 级生物制药技术 2 班(375)50 L 发酵罐的结构示意图。

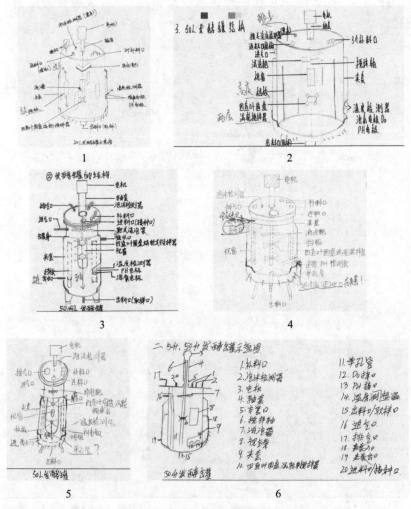

图 4-31　2013 级生物制药技术 2 班(375)50 L 发酵罐的结构示意图

从图 4-31 中可以看出,画出的图具有多样性,主要问题集中在以下几点:一是挡板、夹套、消泡耙三者的高度落差太大;二是部分图上夹套把罐底都包进去了;三是部分图上夹套冷却水的进出口标反了,应该是下进上出。

3. 2014级生物制药技术专业50 L发酵罐的结构示意图

图4-32为2014级生物制药技术1班(412)50 L发酵罐的结构示意图。

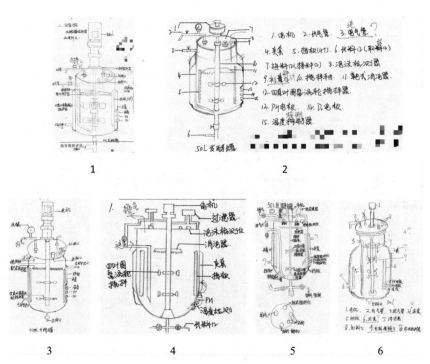

图4-32　2014级生物制药技术1班(412)50 L发酵罐的结构示意图

从图4-32中可以看出,画出的图具有多样性,部分图让人惊艳(1、3),整体水平较高,问题较少,主要问题是部分图上没有标出进气管、排气管。

图4-33为2014级生物制药技术2班(413)50 L发酵罐的结构示意图。

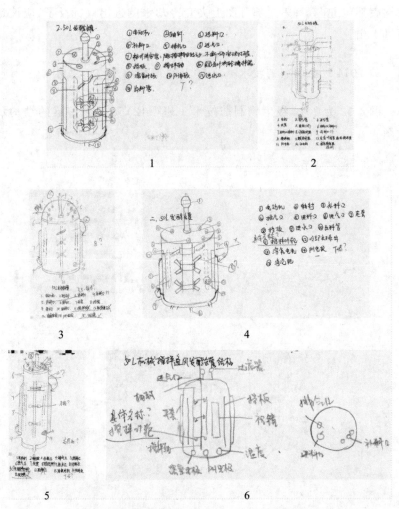

图 4-33   2014 级生物制药技术 2 班(413)50 L 发酵罐的结构示意图

从图 4-33 中可以看出,班级整体情况错误较多,图、文不匹配,主要问题集中在以下几点:一是部分图上的取样口位置不对,应该在罐底;二是部分图上夹套把罐底都包进去了;三是冷却水的进出口位置不对,应该在夹套上;四是没有标明搅拌器的具体名称;五是部分图上高径比失真(5),太细长了。

4. 2015 级生物制药技术专业 50 L 发酵罐的结构示意图

图 4-34 为 2015 级生物制药技术 1 班(478)50 L 发酵罐的结构示意图。

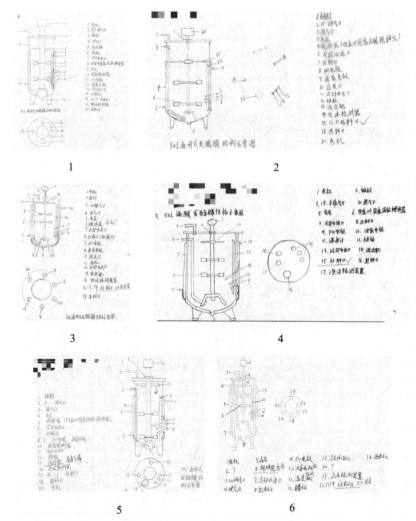

图 4-34　2015 级生物制药技术 1 班(478)50 L 发酵罐的结构示意图

从图 4-34 中可以看出,图的多样性不明显,比较相似,图比较大,气势磅礴,尤其画出了通气管的出口在罐底中央,整体水平较高(2 接近完美),问题较少,有少数图上的消泡把位置太高了。

图 4-35 为 2015 级生物制药技术 2 班(479)50 L 发酵罐的结构示意图。

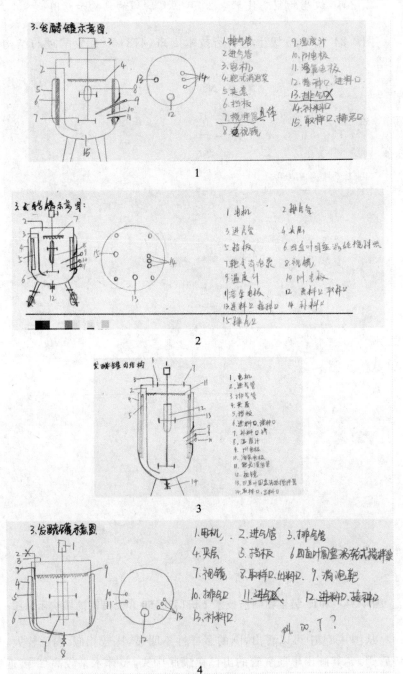

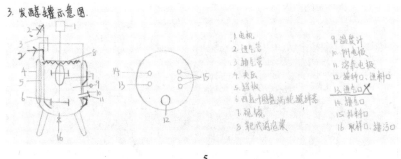

5

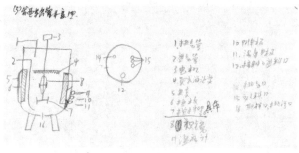

6

图 4-35　2015 级生物制药技术 2 班(479)50 L 发酵罐的结构示意图

从图 4-35 中可以看出,图的多样性不明显,同样是画出了通气管的出口在罐底中央,整体来说图比较秀气,问题较少(6 虽然不太漂亮,但是基本正确)。

5. 2016 级药品生产技术 3 班(529)50 L 发酵罐的结构示意图

从图 4-36 中可以看出,作图风格豪放,都占了很大篇幅,图上的标注已经在减少,尤其是搅拌器、消泡耙、挡板等重要部件都不标注;错误在增加,甚至有的图上还出现了多孔环管(这是 5 L 小罐的通气装置)。

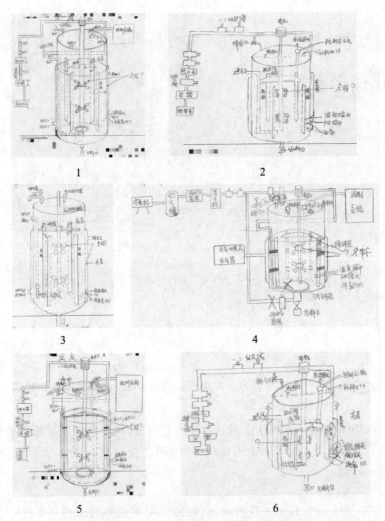

图 4-36 2016 级药品生产技术 3 班(529)50 L 发酵罐的结构示意图

6. 2019 级生物制药技术 1 班 50 L 发酵罐的结构示意图

这部分内容参考图 4-26。全班同学统一在图上标注了"辅料口""冷却列管","辅料口"这个内容课堂上从没提过,推测可能是"补料口";另外"冷却列管",车间里任何规格的发酵罐里都没有"冷却列管",推测是照抄教材的内容。

(三)压缩空气的处理流程图

1. 2012 级生物制药技术专业压缩空气的处理流程图

图 4-37 为 2012 级生物制药技术 1 班(356)压缩空气的处理流程图。

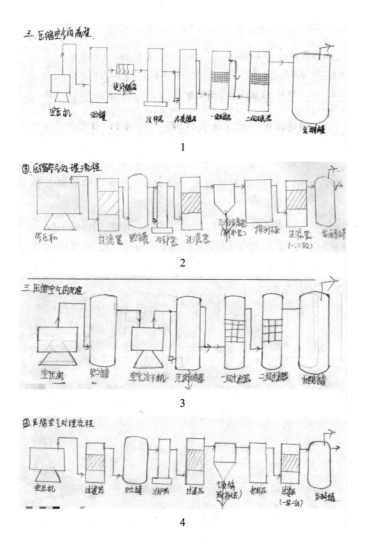

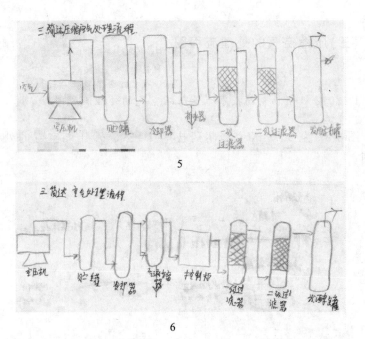

图 4-37　2012 级生物制药技术 1 班(356)压缩空气的处理流程图

与图 4-4 相比较,图 4-37 流程图的内容大体正确,比较完整。

图 4-38 为 2012 级生物制药技术 2 班(357)压缩空气的处理流程图。

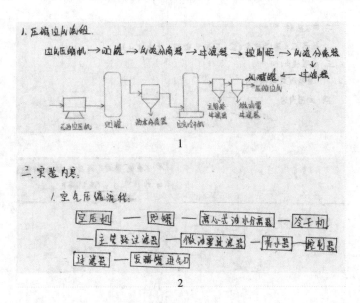

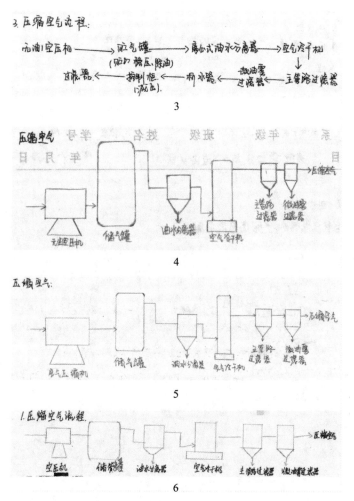

图4-38　2012级生物制药技术2班(357)压缩空气的处理流程图

与图4-4相比较,图4-38最主要的问题是没有体现出压缩空气最后要经过图4-3中的H两级过滤器,然后进入发酵罐。

图4-39为2012级生物制药技术3班(358)压缩空气的处理流程图。

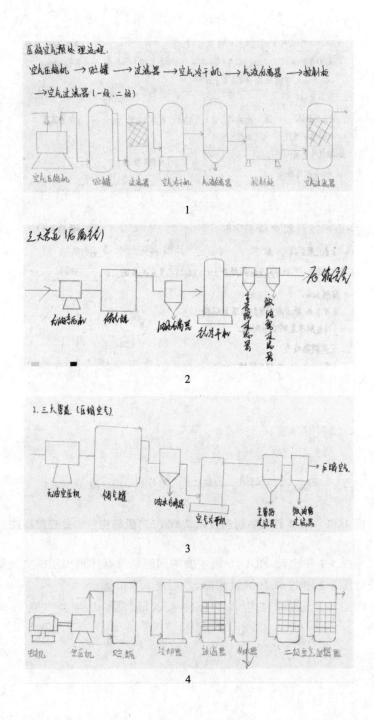

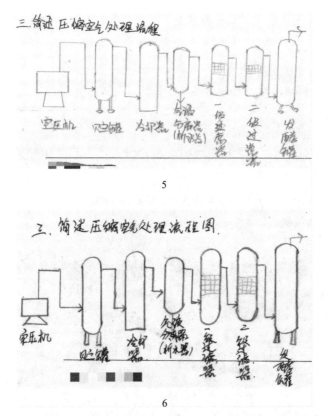

图 4-39　2012 级生物制药技术 3 班(358)压缩空气的处理流程图

与图 4-4 相比较,图 4-39 问题多样化:其中 5、6 比较正确;2、3 没有体现出压缩空气最后要经过图 4-3 中的 H 两级过滤器,然后进入发酵罐;1、4 的压缩空气最后没有进入发酵罐。

2. 2013 级生物制药技术专业压缩空气的处理流程图

图 4-40 为 2013 级生物制药技术 1 班(374)压缩空气的处理流程图。

图 4-40　2013 级生物制药技术 1 班(374)压缩空气的处理流程图

从图 4-40 可以看出,全班风格相近,都是用文字表述流程,内容基本正确。

图 4-41 为 2013 级生物制药技术 2 班(375)压缩空气的处理流程图。

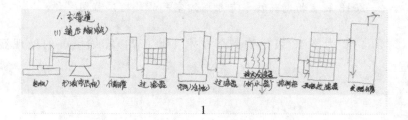

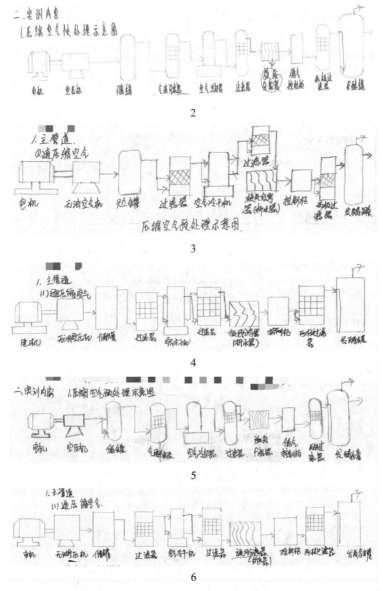

图 4-41 2013 级生物制药技术 2 班(375)压缩空气的处理流程图

从图 4-41 中可以看出,最主要的问题是:压缩空气应该自下而上穿过整个过滤介质层,从上部排出;还有,发酵车间没有旋风分离器,但是全班图上统一都有,这与实际不符。

3. 2014 级生物制药技术专业压缩空气的处理流程图

图 4-42 为 2014 级生物制药技术 1 班（412）压缩空气的处理流程图。

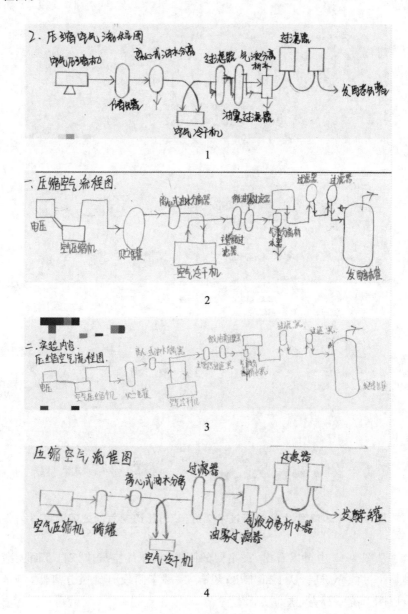

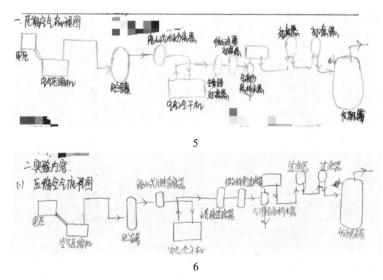

图 4-42　2014 级生物制药技术 1 班(412)压缩空气的处理流程图

从图 4-42 中可以看出,全班风格相似,比较写实,最主要的问题也是没有体现出压缩空气自下而上穿过整个过滤介质层。

图 4-43 为 2014 级生物制药技术 2 班(413)压缩空气的处理流程图。

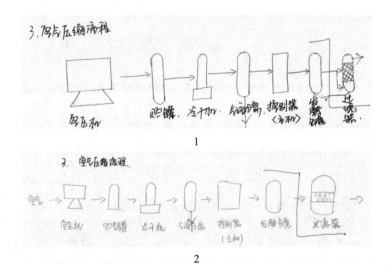

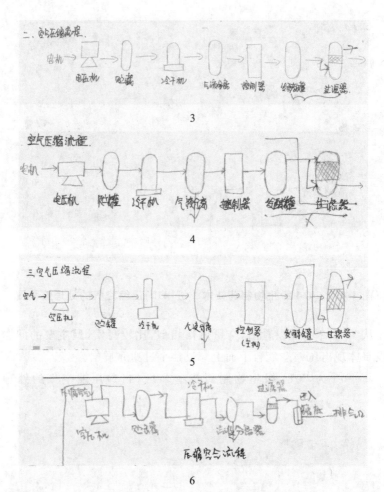

图 4-43   2014 级生物制药技术 2 班(413)压缩空气的处理流程图

从图 4-43 中可以看出,全班风格相似,最明显的错误是:过滤器、发酵罐的位置应该对调一下,先经过过滤器过滤,再进入发酵罐。这 6 个图中,只有第 6 个是正确的(虽然图不太漂亮)。

4. 2015 级生物制药技术专业压缩空气的处理流程图

图 4-44 为 2015 级生物制药技术 1 班(478)压缩空气的处理流程图。

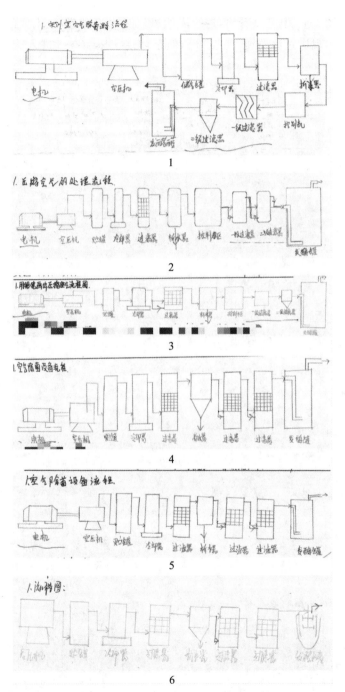

图 4-44　2015 级生物制药技术 1 班(478)压缩空气的处理流程图

从图 4-44 中可以看出,这个班的流程图比较规范,最主要的问题也是没有体现进过滤器要下进上出,但是体现了压缩空气进入罐底,从罐顶排出。

图 4-45 为 2015 级生物制药技术 2 班(479)压缩空气的处理流程图。

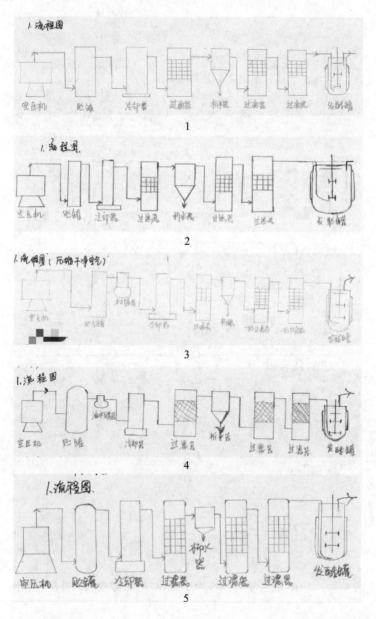

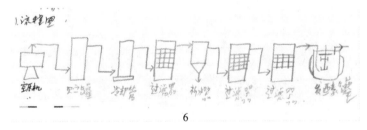

图4-45　2015级生物制药技术2班(479)压缩空气的处理流程图

从图4-45中可以看出，这个班的流程图最标准、最正确、最美观，细节都注意到了，而且没有了"电机"，这是很大的进步。因为教材的图上有电机，但是车间实际并没有，这个班的同学在这点上体现了"实事求是"。尤其第6张图，虽然不漂亮，但是没有错误。

5. 2016级药品生产技术3班(529)压缩空气的处理流程图

图4-46为2016级药品生产技术3班(529)压缩空气的处理流程图。

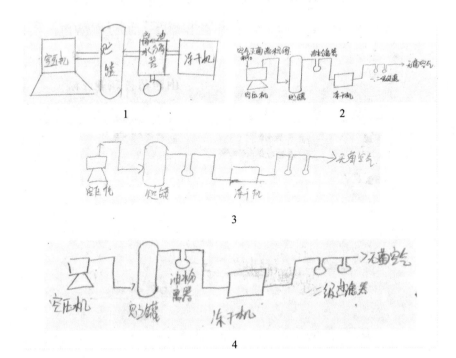

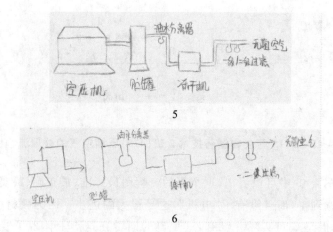

图 4-46　2016 级药品生产技术 3 班(529)压缩空气的处理流程图

从图 4-46 中可以看出，全班的问题相近：一是在冻干机之后缺少了析水器；二是最后压缩空气没有进入发酵罐。

6. 2019 级生物制药技术专业压缩空气的处理流程图

图 4-47 为 2019 级生物制药技术 1 班压缩空气的处理流程图。

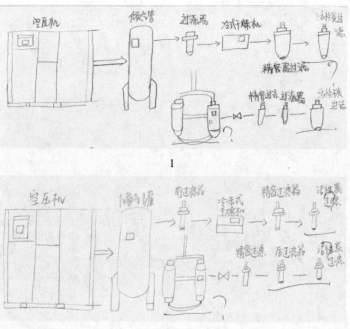

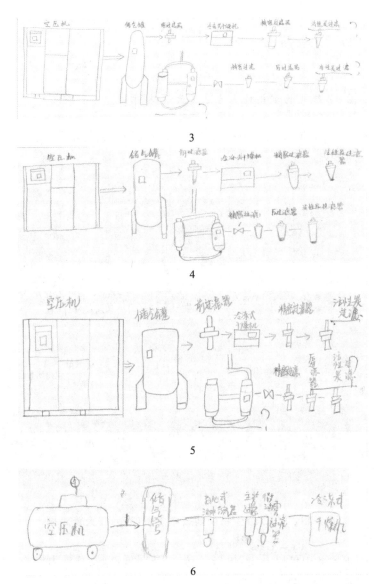

图 4-47　2019 级生物制药技术 1 班压缩空气的处理流程图

从图 4-47 中可以看出,全班的风格惊人相近,如出一辙,而且总有创新:图中提到了精密过滤器、活性炭过滤器,这些在车间应该是没有的。但是值得表扬的是,第 6 张图中的空压机,是所有报告中最形象的空压机(参考图 4-3 的 A 空压机)。

(四)三大管路图

1. 2012 级生物制药技术专业三大管路图

图 4-48 为 2012 级生物制药技术 1 班(356)三大管路图。

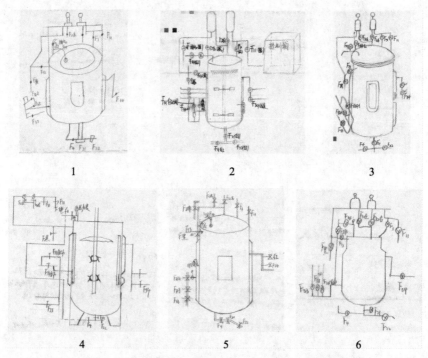

图 4-48　2012 级生物制药技术 1 班(356)三大管路图

从图 4-48 中可以看出,风格各异,简洁明了,以发酵罐为中心,标明了水、压缩空气、蒸汽各自的通路。

图 4-49 为 2012 级生物制药技术 2 班(357)三大管路图。

从图 4-49 中可以看出,其中第 2、4 的图标出了三大主管路:水、蒸汽、压缩空气,还有排污管,这样就可以进行物料走向的溯源,每根管路中物料的走向清晰明了。

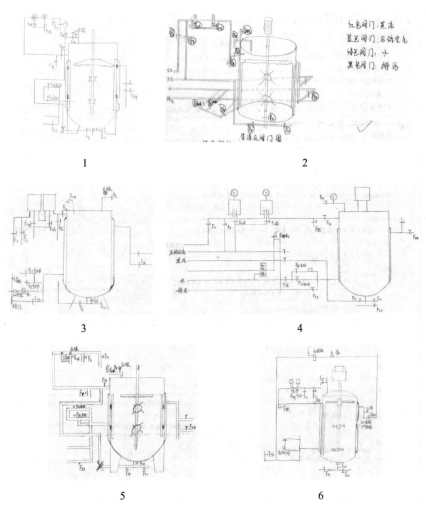

图 4-49 2012 级生物制药技术 2 班(357)三大管路图

图 4-50 为 2012 级生物制药技术 3 班(358)三大管路图。

从图 4-50 中可以看出,这个班级管路图的整体水平较高,尤其是 2、3、4、5,在内容正确的基础上,更兼具美观的特点,并且辅以阀门颜色与物料相呼应,排兵布阵风格各异,叹为观止。

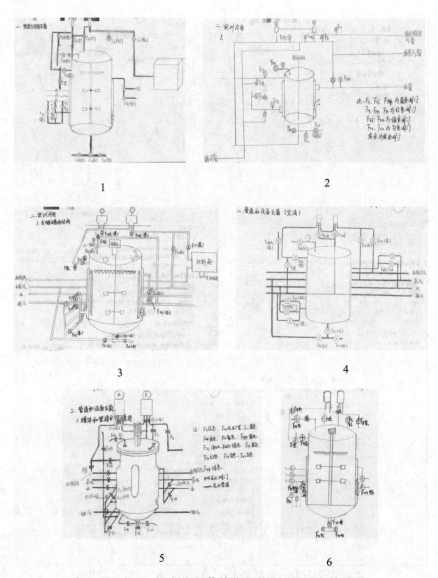

图 4-50 2012 级生物制药技术 3 班(358)三大管路图

2. 2013 级生物制药技术专业三大管路图

图 4-51 为 2013 级生物制药技术 1 班(374)三大管路图。

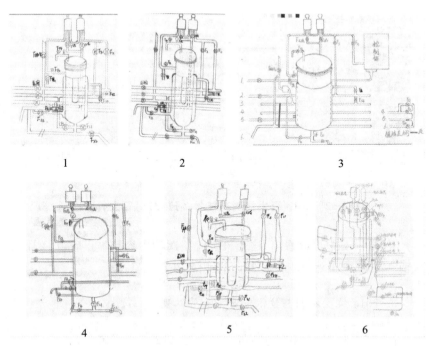

图 4-51　2013 级生物制药技术 1 班(374)三大管路图

从图 4-51 中可以看出,这个班级管路图的整体风格相近,过滤器形象逼真,共性问题是:通入罐底的蒸汽管路连接有误。

图 4-52 为 2013 级生物制药技术 2 班(375)三大管路图。

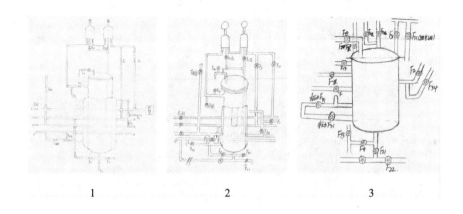

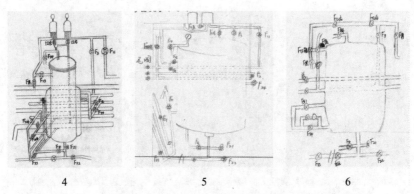

4   5   6

图 4-52　2013 级生物制药技术 2 班(375)三大管路图

从图 4-52 中可以看出,这个班级管路图的内容基本正确,1、4 让人眼前一亮,5、6 虽然美观度稍差,但是内容基本正确。

3. 2014 级生物制药技术专业三大管路图

图 4-53 为 2014 级生物制药技术 1 班(412)三大管路图。

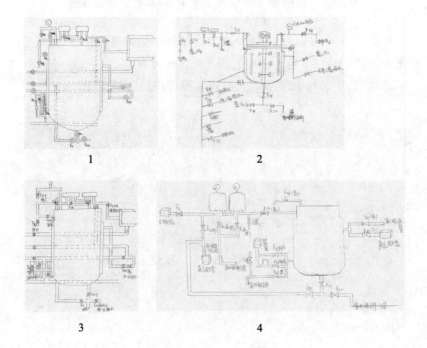

1   2

3   4

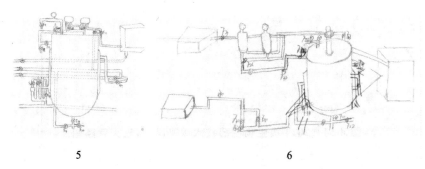

5   6

图 4-53　2014 级生物制药技术 1 班(412)三大管路图

从图 4-53 中可以看出,罐体的主体地位比较突出,1、3、5 风格相近,内容基本正确。

图 4-54 为 2014 级生物制药技术 2 班(413)三大管图。

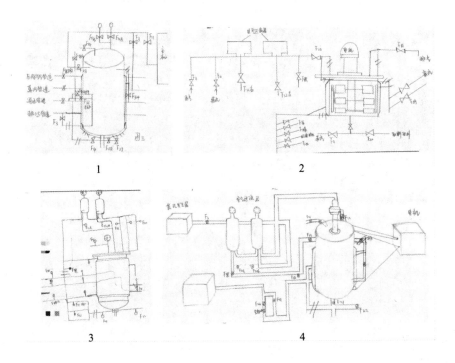

1   2

3   4

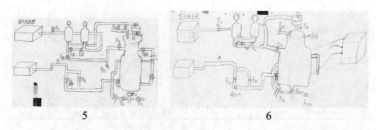

图 4-54　2014 级生物制药技术 2 班(413)三大管路图

从图 4-54 中可以看出,罐体的主体地位不再突出,发酵罐的罐体图反而多样化,各种形状都有,管路连接上有一些错误。

4. 2015 级生物制药技术专业三大管路图

图 4-55 为 2015 级生物制药技术 1 班(478)三大管路图。

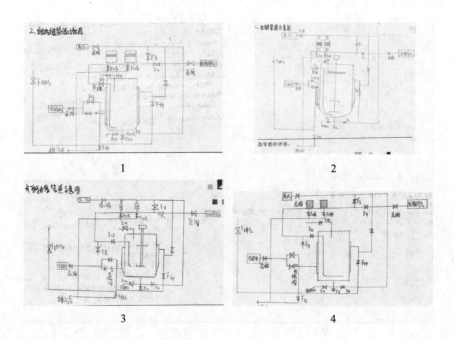

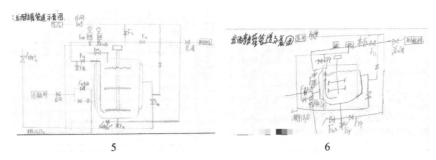

图 4-55　2015 级生物制药技术 1 班(478)三大管路图

从图 4-55 中可以看出,这个班级管路图整体风格相似,作图有了大局观,而且为了方便作图,将水、蒸汽、压缩空气的主管路分别布阵,不再写实。

图 4-56 为 2015 级生物制药技术 2 班(479)三大管路图。

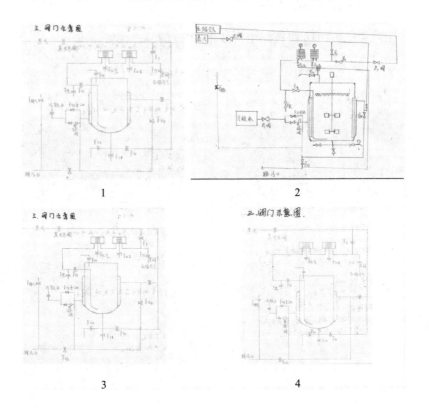

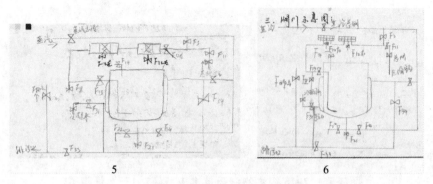

5 6

图4-56 2015级生物制药技术2班(479)三大管路图

从图4-56中可以看出,478、479两个班在管路图的作图上风格相似,以车间的管路为基础,在作图时经过重新构思,整体分布,将水、蒸汽、压缩空气的主管路分别布阵。

5. 2016级药品生产技术3班(529)三大管路图

图4-57为2016级药品生产技术3班(529)三大管路图。

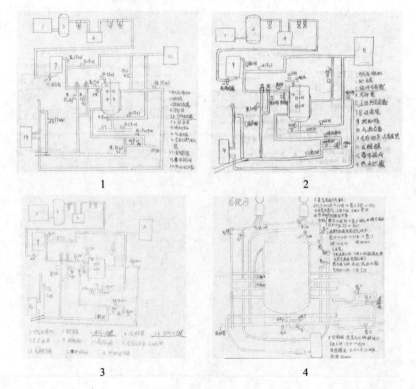

1 2

3 4

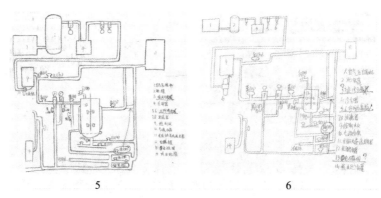

5　　　　　　　　　　6

图 4-57　2016 级药品生产技术 3 班(529)三大管路图

从图 4-57 中可以看出,这个班级的管路图最全面、最完整,他们把辅机室的空压机、蒸汽发生器都囊括进来,把压缩空气的处理流程图也整合进来。

6. 2019 级生物制药技术 1 班三大管路图

图 4-58 为 2019 级生物制药技术 1 班三大管路图。

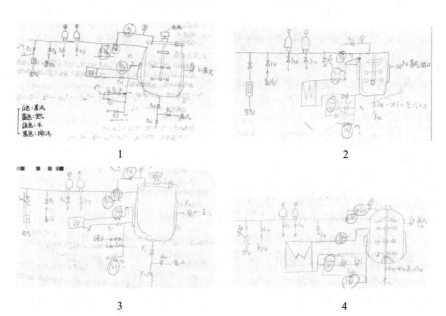

1　　　　　　　　　　2

3　　　　　　　　　　4

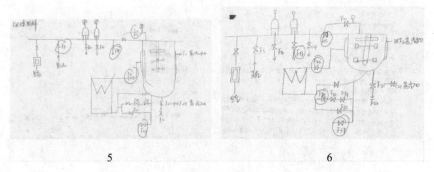

图 4-58　2019 级生物制药技术 1 班三大管路图

从图 4-58 中可以看出,这是极简版的管路图,全班几乎一致,管道、阀门标注比较混乱,而且不断创新,远远超过了车间的实际情况。

第二节　翻转课堂、案例教学法

由于本门课程讲到的设备都是在生物药物生产、研发过程中用到的设备,对学生日常生活来说距离太远,既看不到,也摸不着,所以需要教师在授课过程中,灵活采用翻转课堂、案例教学等多种教学方法,使枯燥难懂的内容尽可能地贴近生活,接地气。

一、"搅拌"和"挡板"

例如,在讲到发酵罐结构时,会讲到"搅拌""挡板"这两个部件。因为本课程学习的设备都是工程生产中的大型设备,日常生活中很难接触到,所以需要教师想办法尽量把"高大上"的设备"生活化"。"搅拌"容易理解,但是"挡板"很难想象。所以,教师在课前先采用了翻转课堂法,通过"超星学习通"布置任务:请问:生活中带有搅拌的设备(电器)有哪些?设备内壁有何特点?要求学生寻找日常生活中带有搅拌的设备、电器,认真观察设备结构(尤其是设备内壁),通过观察设备的工作状态,弄懂设备的工作原理,从而理解设备的设计理念。在课堂上,请同学们以自己找到的设备(电器)为例,进行讲解。同学们通常找到的是洗衣机、豆浆机、榨汁机等案例,在课堂上根据不同的案例进行分组,每组同学分别进行分析、讲解,毕竟这些设备看得见,摸得着,容易理解。

(一)洗衣机

常见洗衣机的内壁照片汇总如下,如图4-59所示。

A 波轮洗衣机　　B 波轮洗衣机内壁　　A 单缸洗衣机　　B 单缸洗衣机内壁

A 滚筒洗衣机　　B 滚筒洗衣机内壁　　A 双缸洗衣机　　B 双缸洗衣机内壁

图 4-59　洗衣机

洗衣机的内壁通常很光滑,但是不平整,与搅拌方向相垂直的方向有一些凸起的棱,为何这样设计,这些凸起的棱有什么作用?而且仔细观察洗衣机的运行情况,就会发现洗衣机不是一直不停地搅拌,而是间歇正反转,也就是先正转几圈,然后停歇几秒,接着反转几圈,再停歇几秒,为何不是连续不停地搅拌呢?

(二)豆浆机

常见豆浆机的内壁照片汇总如下,如图4-60所示。

A豆浆机1　　B豆浆机1内壁　　A豆浆机2　　B豆浆机2内壁

A豆浆机3　　B豆浆机3内壁　　A豆浆机4　　B豆浆机4内壁

图 4-60　豆浆机

豆浆机的内壁上,与搅拌方向相垂直的方向也有一些凸起的棱,由于大多数豆浆机的材质不透明,不容易观察到豆浆机的搅拌情况,但是可以肯定的是,豆浆机的搅拌是:搅拌—停歇—搅拌—停歇,不是连续搅拌。

(三)榨汁机

常见榨汁机的内壁照片汇总如下,如图 4-61 所示。此外,还有绞肉机,如图 4-62 所示;破壁机,如图 4-63 所示。它们共同的特点是:内壁上与搅拌方向相垂直的方向都有一些凸起的棱;搅拌不连续,而是搅拌—停歇—搅拌—停歇。

 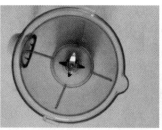 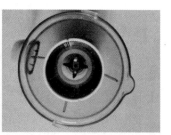

A 榨汁机1　　　B 榨汁机1的内壁（不带滤网）　　C 榨汁机1的内壁（带滤网）

A 榨汁机2　　　B 榨汁机2的内壁　　　A 榨汁机3　　　B 榨汁机3的内壁

图 4-61　榨汁机

A 绞肉机　　　　　　B 绞肉机的内壁

图 4-62　绞肉机

A 破壁营养料理机　B 破壁营养料理机的内壁　A 破壁机　　B 破壁机的内壁

图 4-63　破壁机

　　发酵罐内设置搅拌的目的,是通过搅拌,使液体剧烈湍动,促进气体分散,促使固-液悬浮,从而产生强大的总体流动,达到宏观均匀,同时强化传质传热,达到微观均匀。但是对液体进行搅拌,容易产生旋涡(边缘上升,中心凹陷),旋涡会使搅拌效果大幅降低。因此,通过加装挡板来改变液体流型(产生纵向运动,消除下凹旋涡),防止液面中央形成旋涡,使液体剧烈翻动,增加溶解氧,提高混合效果。同理,洗衣机、豆浆机、榨汁机等带有搅拌的设备(电器)中,设备内壁凸起的棱就起到了挡板的作用,如图4-64所示。此外,间歇搅拌、洗衣机正反转等都是防止液面中央形成旋涡的有效措施。同时,可以引申一个问题:为什么豆浆机、榨汁机等挡板的形状接近"板",但是洗衣机的挡板看起来要光滑一些?通过这样的翻转课堂的方法,使学生由浅及深,深入理解设备操作与工程设计中的安全伦理思维,培养精益求精的工匠精神。

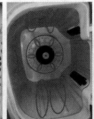

A. 波轮洗衣机　　B. 单缸洗衣机　　C. 滚筒洗衣机内壁　　D. 双缸洗衣机的内壁
　　的内壁　　　　　的内壁

E. 豆浆机1内壁　　F. 豆浆机2内壁　　G. 豆浆机3内壁

H. 豆浆机4内壁

I. 榨汁机1的内壁（不带滤网）

J. 榨汁机1的内壁（带滤网）

K. 榨汁机2内壁

L. 榨汁机3内壁

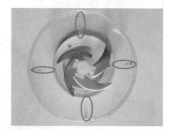
M. 绞肉机的内壁

N. 破壁营养料理机内壁

O. 破壁机的内壁

图 4-64　带有搅拌的设备（电器）中设备内壁的挡板（红色圆圈标记）

"搅拌"和"挡板"，二者如影随形，几乎形成固定搭配，所以希望学生养成习惯：看到"搅拌"，就要想到"挡板"。萃取设备中的混合罐，内壁设置挡板；游离酶反应器中的搅拌罐式反应器，内壁也设置了挡板。

二、过滤式离心机

在讲过滤式离心机这部分内容时，教师会在课前通过"学习通"布置任务：请大家仔细观察洗衣机的甩干桶（双缸、波轮、滚筒都可以）的内壁,内壁有何特点,甩干原理是什么? 双缸洗衣机甩干桶内壁如图 4-65 所示,波轮、滚筒洗衣机的内壁如图 4-59 所示,发现内壁有均匀、密集的小孔。当进行脱水操作时,将洗涤后的衣物放入甩干桶内,电机带动甩干桶高速旋转,产生的离心力将衣物中的水分通过内桶壁上的小孔甩出,达到甩干衣物的目的。这就是过滤式离心机的工作原理。通过身边的设备,由近及远,理解工厂的设备,树立工程设计中"严谨认真,安全生产"的思维,引导学生学好本领,苦练技术,把个人的理想追求融入国家和民族的发展中。

图 4-65　双缸洗衣机甩干桶内壁

第三节　提问导入、问题教学法

培养基的灭菌从操作方式来分,有分批灭菌、连续灭菌两种方式。对于"分批灭菌"来说,因为灭菌全过程只用到一台设备——发酵罐(或者灭菌锅),升温、保温、降温这三阶段无法同时进行,只能是在时间上错开:先升温操作,之后保温操作,最后降温操作。相反,"连续灭菌"的三个阶段分别在不同的设备内完成:升温设备进行加热,保温设备维持灭菌温度,降温设备进行冷却,实现升温、保温、降温三阶段同时进行。

以此类推,大家能否判断出某种操作方式是分批操作,还是连续操作呢? 这时采用问题教学法,对学生进行提问,请问:双缸洗衣机,全自动洗衣机(波轮,滚筒),从操作方式来看,哪个是分批操作,哪个是连续操作？学生有的说全自动洗衣机是连续操作，有的说双缸洗衣机是连续操作。这时，教师就以洗衣过程为例，分析操作过程，如图 4-66 所示。洗衣过程分为三个阶段：洗涤、漂洗、甩干。如果这三个阶段可以同时进行，为连续操作；如果这三个阶段不可以同时进行，而是先后进行，则为分批操作。这样看来，全自动洗衣机貌似连续操作，而且省人工，但是它的洗涤、漂洗、甩干必须分开先后次序，一定是先洗涤，再漂洗，最后甩干，这样就是分批操作。相反，双缸洗衣机貌似不连续，而且费时费力，但是它的洗涤、漂洗、甩干可以实现同时进行（另拿盆漂洗），所以，它才是连续操作。因此，这两种操作方式既有相同点，又有不同点，每种方法既有优点，又有缺点，引导学生要用辩证思维来看待问题。

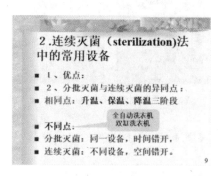

图 4-66　分批操作、连续操作的提问

第四节　虚拟仿真、理实一体法

　　天津生物工程技术学院建有生物制药校内生产性实训基地，发酵车间有真实的生产设备，方便学生在真实的工作场景中得到锻炼，发酵车间的主要设备除了图 4-3 中的设备外，其他主要设备如图 4-67 所示。

　　由于发酵生产操作过程比较复杂、操作难度较大、周期比较长、仪器试剂比较昂贵，天津生物工程技术学院于 2009 年 9 月购买了"中试青霉素发酵工艺仿真软件"，建立青霉素虚拟仿真生产车间；2021 年 6 月又购买了"生物制药虚拟仿真软件"，建立生物制药虚拟仿真生产车间，使得"仿真综合实训"和"生产型实训"相结合。

A. 5 L玻璃磁力搅拌罐　　B. 50 L发酵罐　　C. 500 L发酵罐　　D. 板框过滤器

E. 医用离心机　　F. 气浴恒温振荡器　　G. 全自动蒸汽发生器　　H. 立式自动电热压力蒸汽灭菌器

图 4-67　发酵车间的主要设备

学生在上发酵罐操作之前先在计算机上进行青霉素生产软件模拟操作。通过设定青霉素的生产参数,创造不同的案例,根据电脑显示的结果和数据进行分析讨论,模拟完成一条生产线的操作,如图 4-68 所示,这样就可以提高设备的使用率和设备的利用率,降低设备的人为损耗。教师也可以通过教师端改变参数来设置障碍,让同学们动脑筋找原因、想办法来排除障碍。因为学生的学习任务就是未来的工作任务,学习中遇到的问题也是将来实际生产中容易出现的问题。这样就有助于提高学生分析问题、解决问题的能力。在生物制药虚拟仿真生产车间,模拟完成生物制药上游、下游的相关实训,如图 4-69 所示,包括菌种培养、种子培养、无菌接种、空消、实消、接种、移种操作、取样、发酵、离心、破壁提取、一次盐析、二次盐析、板框过滤、超滤浓缩、离子层析等内容,实现了课堂与实训一体化,方便学生在真实场景中得到锻炼,使学生能理论联系实际,举一反三,达到活学活用的目的。通过模拟操作,使学生能够宏观地、全景式地学习典型的发酵生产过程,调动学生学习的兴趣和积极性,从而增强质量意识,培养良好的责任心和兢兢业业的工作态度。

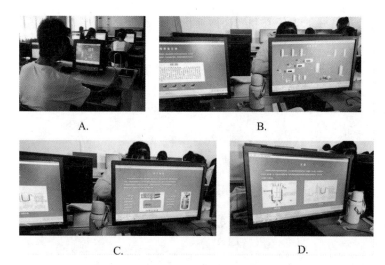

图 4-68　青霉素生产模拟软件上课截图

图 4-69　生物制药虚拟仿真软件上课截图

第五节　线上线下、混合教学法

　　本课程采用"超星学习通"进行线上、线下混合式教学,突破时空界限,让学习更高效,学生学习自主性更强。课前,教师通过"学习通"发布任务,正如之前翻转课堂提到的任务,如图 4-70 所示。请问:生活中带有搅拌的设备(电器)有哪些? 设备内壁有何特点? 请大家仔细观察洗衣机的甩干桶(双缸、波轮、滚筒都可以)的内壁有何特点,甩干原理是什么? 引导学生从身边的设备入手,认真观察设备结构(尤其是设备内壁),通过观察设备的工作状态,广泛查阅资料,弄懂设备的工作原理,从而理解工厂设备的设计理念,树立工程设计中"严谨认真,安全生产"的思维,培养良好的责任心和爱岗敬业的工作态度。

图 4-70　课前"学习通"发布任务截屏

　　上课时,首先通过"学习通"进行签到,如图 4-71 所示,了解学生的出勤情况;课中,有机结合课堂教学安排,通过"学习通"发布问题引导学生进行讨论(见图 4-72),提高学生课堂活动的参与度,既活跃了课堂气氛,也通过讨论让学生对知识的理解更进一步,提高了教学效果;课堂内容讲完后,通过"学习通"发布随堂练习,及时了解学生的掌握情况(见图 4-73);最后,通过"学习通"发布单元测试、作业(见图 4-74),进行巩固练习,消化课堂内容,提高学习效率。

图 4-71　"学习通"签到截屏

图 4-72　课中"学习通"发布问题截屏

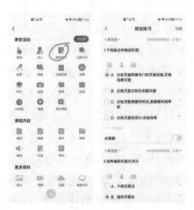

图 4-73　课中"学习通"发布随堂练习截屏

图 4-74　课后"学习通"发布课后作业截屏

第六节　对比分析、重点回顾法

一、绪　论

在绪论中，为了突出重点，让学生对发酵过程有个总体的印象，并且能够在实训过程中，紧密结合发酵车间的设备，团队教师以车间设备为基础，画出了发酵的工艺过程图（见图 4-75）。同时，结合当前的新冠疫情，让同学们以自己接种的新冠疫苗为例，广泛查阅资料，了解疫苗的生产工艺，在生产过程中用到了哪些设备（尤其是课程中讲到的设备），为了保证产品质量，就需要操作人员在工作中严谨认真、精益求精、遵守SOP、团队协作等。从新冠疫情暴发，到现在全民接种疫苗，再到研发新冠特效药，我国的医药科研创新实力已经是世界领先水平，我国在疫情防控中取得的巨大成就绝无仅有，独一无二。这些成就极大地鼓舞了士气，激发了学生的爱国热情，使同学们更加坚定道路自信、理论自信、制度自信、文化自信，坚持中国共产党的领导，走中国特色的社会主义道路，同时也激发了学生学好专业知识的使命感，从而增强药学专业自信。

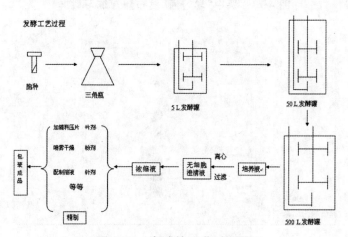

图 4-75　发酵的工艺过程图

二、空气净化除菌

教材中关于空气压缩冷却过滤流程,只有文字内容,没有流程图,为了方便教学,团队教师画出了空气压缩冷却过滤流程图,如图 4-76 所示。

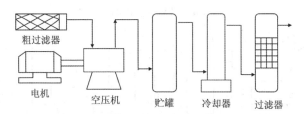

图 4-76　空气压缩冷却过滤流程图

对于两极冷却分离加热空气除菌流程、前置高效过滤除菌流程这两个流程,虽然教材上有流程图,如图 4-77(A)、图 4-78(A)所示,图中的设备以实物为原型,通俗易懂,适合学习,但是学生在作业中想把这两个图画出来,难度较大,因此,团队教师同样画出了适合笔记、作业的流程图,如图 4-77(B)、图 4-78(B)所示。

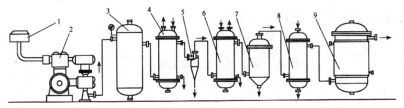

1.粗过滤器；2.空压机；3.贮罐；4、6.冷却器；5.旋风过滤器；7.丝网分离器；8.加热器；9.过滤器

（A）教材的流程图

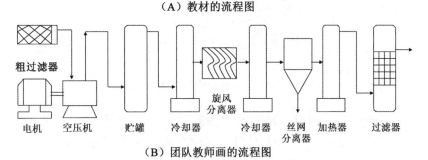

（B）团队教师画的流程图

图 4-77　两极冷却分离加热空气除菌流程图

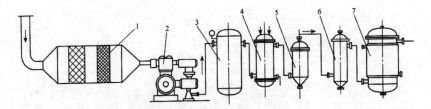

1.高效过滤器；2.空压机；3.贮罐；4.冷却器；5.丝网分离器；6.加热器；7.过滤器

（A）教材的流程图

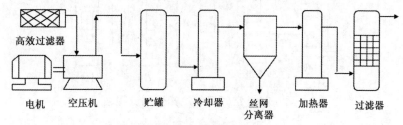

（B）团队教师画的流程图

图 4-78　前置高效过滤除菌流程图

旋风分离器、丝网除沫器这两种气—液分离设备，由于分离原理不同，适用范围也不同，如图 4-79 所示。旋风分离器适用于分离比较大的液滴，丝网除沫器适用于分离比较小的雾状微粒，在实际操作中可以根据实际情况选择合适的分离设备。

析水设备（气—液分离设备）

	作用原理	适用范围
旋风分离器	离心力沉降	>10 μm
丝网除沫器	惯性拦截分离	<10 μm

图 4-79　两种析水设备的比较

介绍介质过滤法时，结合当前的新冠疫情，引入大家熟知的 N95、N98、N99 口罩（见图 4-80），解释数字的意义。同时，引导学生在疫情期间注意个人防护，戴口罩，勤洗手，不聚集，多通风，锻炼身体，提高自身免疫力。

- 无菌空气标准：将空气中含有0.3 μm以上的微粒全部除掉。
- 在工程设计中一般要求1 000次使用周期中只允许有一次染菌。
- 设计空气过滤标准：1/1 000失败率。

对0.3 μm的颗粒过滤效率

图 4-80　N95、N98、N99 口罩

三、生物反应器的通风与溶氧传质

在介绍培养过程中的氧传递时，氧气从气泡传递到细胞内需要克服九大阻力，图 4-81A 是教材中的图，为了让传递过程更直观、更形象，教师团队做了如下处理（见图 4-81B）：（1）标出三大主体：气相主体、液相主体、固相主体，并且标出总的传递方向是从气相到液相，再到固相，让学生方向清晰，目标明确；（2）把九大阻力添加动画，按照顺序依次出现；（3）把"最大的阻力"单独标记，突出重点。同时引导学生在实践中，要学会用辩证思维看问题，恰当地处理主要矛盾、次要矛盾之间的关系。

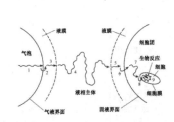

1.从气相主体到气液界面的气膜传递阻力；2.气液界面的传递阻力；3.从气液界面通过液膜的传递阻力；4.液相主体的传递阻力；5.细胞或细胞团表面的液膜阻力；6.固液界面的传递阻力；7.细胞团内的传递阻力；8.细胞壁的阻力；9.反应阻力

（A）

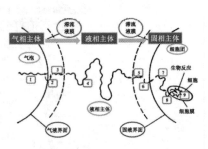

1.从气相主体到气-液界面的气膜传递阻力；2.气-液界面的传递阻力；3.从气-液界面通过液膜的传递阻力；4.液相主体的传递阻力；5.细胞或细胞团表面的液膜阻力；6.固液界面的传递阻力；7.细胞团内的传递阻力；8.细胞壁的阻力；9.反应阻力

（B）

图 4-81　氧气从气泡到细胞的传递过程示意图

四、通用式发酵设备

径向流型搅拌器的叶片形式有三种：平叶式、弯叶式、箭叶式，这三种叶片的特点如图 4-82 所示。"径向流型搅拌器"和"轴向流型搅拌器"的特点如图 4-83 所示，它们优势互补形成组合式搅拌器。发酵车间 5 L 发酵罐的搅拌器就是组合式的（见图 4-7）：上层是桨式搅拌器（轴向流型搅拌器），下面两层是四直叶圆盘涡轮型搅拌器（径向流型搅拌器）。同时引导学生在将来的学习工作中要学会合作：整合资源，优势互补，取长补短，知人善用，强强联手，团队合作。

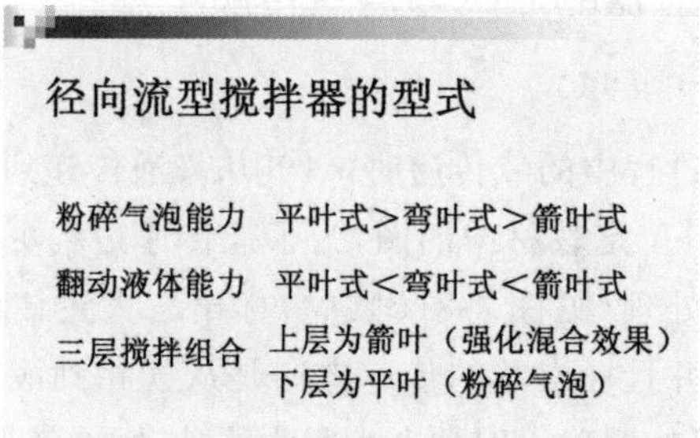

径向流型搅拌器的型式

粉碎气泡能力	平叶式＞弯叶式＞箭叶式
翻动液体能力	平叶式＜弯叶式＜箭叶式
三层搅拌组合	上层为箭叶（强化混合效果） 下层为平叶（粉碎气泡）

图 4-82 径向流型搅拌器的叶片形式

组合式搅拌器

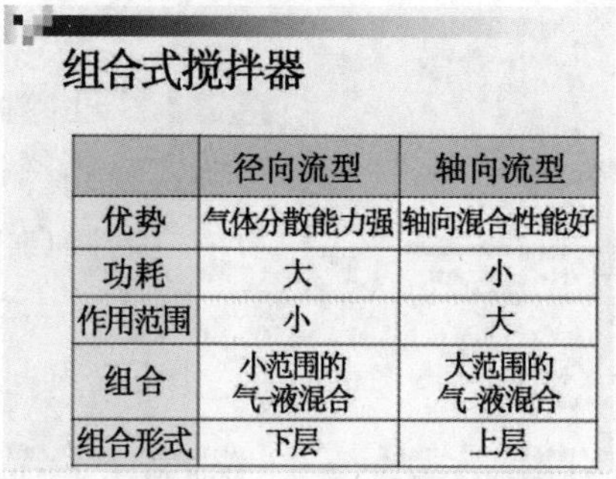

	径向流型	轴向流型
优势	气体分散能力强	轴向混合性能好
功耗	大	小
作用范围	小	大
组合	小范围的 气-液混合	大范围的 气-液混合
组合形式	下层	上层

图 4-83 组合式搅拌器

五、动物细胞反应器

动物细胞与植物细胞、微生物细胞的生长特性不一样，如图 4-84 所示。所以之前讲到的发酵罐就不适合培养动物细胞和植物细胞，那就需要设计不同的反应器，来满足培养细胞的生长要求。

最后，把动物细胞反应器做一回顾总结，如图 4-85 所示：共讲了 7 种反应器，分为悬浮培养、贴壁培养两种反应器，主要解决搅拌、溶氧两大问题。

动物细胞与植物细胞、微生物的区别

	微生物细胞	动物细胞	植物细胞
在液体中的生长	悬浮生长	多为"贴壁培养"	可悬浮，常聚集成团
营养要求	简单	极复杂	复杂
对环境的敏感性	一般耐受范围较大	极敏感	耐受范围较大
对流体剪切力的敏感性	低	极高	高
生长速率	较快	慢	慢

图 4-84　动物细胞与植物细胞、微生物细胞的生长特性

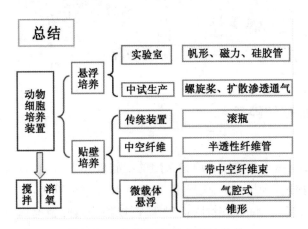

图 4-85　动物细胞反应器的总结

在讲到动物细胞悬浮培养技术时,可引入兽用疫苗的生产案例。口蹄疫疫苗、狂犬病疫苗等疫苗的生产,由传统的贴壁转瓶培养,逐渐转化为用悬浮培养技术进行动物细胞培养。这种新的生产技术,可以降低成本,缩短培养周期,提高产品质量、产率,由此给学生引入"成本思维"。

六、酶反应器

酶反应器的分类,可以按照几何形状分类,可以按照进料和出料的方式分类,还可以按照结构功能分类(见图 4-86)。以酶为催化剂的反应是绿色合成的反应,由此引导学生理解绿色合成对生态保护的重要性,培养学生树立"人与自然和谐共生意识"。

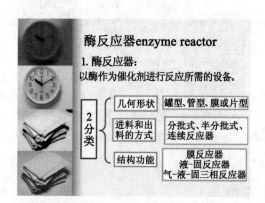

图 4-86　酶反应器的分类

七、细胞破碎技术

珠磨法、高压匀浆法是两种常用的细胞破碎方法,现将这两种机械法在参数控制、冷却方法、破碎率、适用性等方面进行比较(见图 4-87)。每种方法都有自身的局限性、适用性,所以根据实际情况选择合适的破碎方法,甚至可以多种破碎方法相结合,以达到满意的破碎效果。以此引导学生在操作时注意实验安全,规范操作实验设备,对设备进行清洁养护,这样才能节约成本,延长设备的使用寿命。

比较

	高压匀浆法	珠磨法
参数	少，易于控制，适合大规模生产	多，浆液损失很大
冷却	需配备换热器，进行级间冷却	朋双重功能：破碎和冷却
破碎率	低，需循环2~4次	较高
适用性	不适合丝状真菌及有包含体的基因工程菌	各种微生物细胞

图 4-87　珠磨法、高压匀浆法的比较

八、离心分离设备

离心分离设备有过滤式和沉降式两种，这两种方法结构不同，应用范围不同，图 4-88 对这两种方法进行了详细的对比分析，在实际操作中可以根据实际情况选择合适的分离方法，以达到满意的分离效果。

过滤式和沉降式的区别

	转鼓上有无小孔	有无过滤介质	分离原理	应用
过滤式	有，为滤液通道	有	在离心力作用下，液体穿过过滤介质经小孔流出（过滤过程）	主要用于处理悬浮液固体颗粒大，固体含量较高（$p_固 < p_液$）
沉降式	无	无	在离心力作用下，物料按密度的大小不同分离沉降（沉降过程）	悬浮液中固相密度大于液相密度（$p_固 > p_液$）

图 4-88　过滤式和沉降式离心设备的区别

过滤式管状离心机的工作原理和洗衣机的甩干原理相近，团队教师画了简易结构图，如图 4-89 所示。教材中沉降式管状离心机、卧螺离心机的结构图如图 4-90A、图 4-91A 所示，团队教师也了简易结构图，如图 4-90B、图 4-91B 所示，这种简易图作为补充，简单明了，一看就会，方便学生理解、学习。同时，引入贝克曼库尔特研发的离心机，在满足对离心机容量、速度以及温度不同需求的同时，实现了生物安全防护，保障检测和研究操作的安全性，由此强化学生在生产与检测岗位上的安全意识。

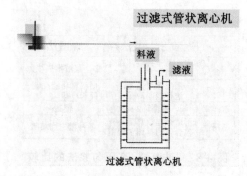

图 4-89 过滤式管状离心机

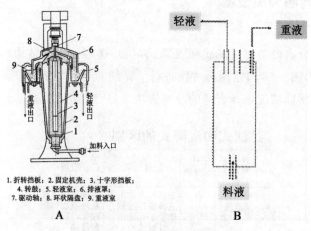

1.折转挡板；2.固定机壳；3.十字形挡板；
4.转鼓；5.轻液室；6.排液罩；
7.驱动轴；8.环状隔盘；9.重液室

图 4-90 沉降式管状离心机

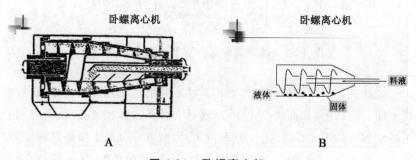

图 4-91 卧螺离心机

九、离子交换设备

离子交换设备的分类如图 4-92 所示。首先,按操作方式可以分成静态交换、动态交换。动态交换可以再分,按照操作方式可以分成固定床系统、连续流动床系统。固定床系统又分为单床、多床、复床、混床;连续流动床可以分为单床、多床。动态交换还可以按照溶液流动方向,分为正吸附、反吸附两种。通过这样一张组织结构图进行总结分类,梳理脉络,让错综复杂的关系一目了然,方便理解。同时,可以引入中国离子交换树脂之父何炳林的事迹,以此引导学生学习老一辈科学家科技报国,开拓奉献的精神,激发学生的使命担当精神。

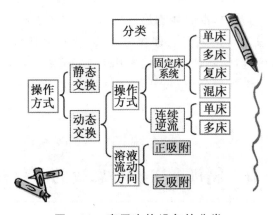

图 4-92 离子交换设备的分类

为适应"互联网＋职业教育"新要求,在教学中将思政融入的切口利用信息技术与教学有机融合,结合"生物制药设备"课程实际,探索出"三维度—三环节—六方法"的线上、线下混合式教学模式。"三维度"即线上教学、线下教学、实践教学;"三环节"即课前、课中、课后;"六方法"即理实一体、分组讨论法;翻转课堂、案例教学法;提问导入、问题教学法;虚拟仿真、理实一体法;线上线下、混合教学法;对比分析、重点回顾法。

第五章　融入课程思政的课程标准、
　　　　考核评价体系

　　本章主要介绍了制订融入课程思政的课程标准、考核评价体系。原课程标准中对课程内容的要求分别是：知识要求、技能要求、素质要求三方面，现在通过挖掘课程的思政资源，要增设思政目标，设置成知识要求、技能要求、素质要求、思政要求的四维人才培养目标。在原有的考核评价体系中，没有体现思政内容，在课程思政学业评价体系中，应该将思政教育纳入专业课程考核，强化过程评价，探索增值评价，健全综合评价，创新评价工具，利用人工智能、大数据等现代信息技术，开展教与学行为分析，提升评价的可行性、客观性，使教学评价能有效落地。

第一节　制订融入课程思政的课程标准

　　在原有的课程标准中（见附录 8），没有体现思政内容，所以要对原有的课程标准进行重新整理、修订，将思政内容有机融入。原课程标准中对课程内容的要求分别是：知识要求、技能要求、素质要求三方面，现在通过挖掘课程的思政资源，要增设思政要求，设置成知识要求、技能要求、素质要求、思政要求的四维人才培养目标，具体内容见表 5-1（修订后的课程标准见附录 9）。

表 5-1　"生物制药设备"课程内容及要求

项目（章节）	教学内容	知识要求	技能要求	素质要求	思政要求	教学方法	教学环境
项目一 绪论	了解生物反应过程	1. 了解生物反应器的放大、设计 2. 了解生物反应器的类型		1. 学习十九大精神，践行社会主义核心价值观 2. 培养学生爱岗敬业、团队协作的精神	1. 爱国奉献、努力创新 2. 树立"四个自信" 3. 增强药学专业自信，激发学习动力	讲授 翻转课堂 重点回顾	多媒体教室
项目二 培养基连续灭菌设备	培养基连续灭菌流程	1. 说出分批灭菌的定义及其优缺点 2. 比较分批灭菌的异同点 3. 简述连续灭菌的工艺流程及其优、缺点 4. 简述蒸汽喷射连续灭菌流程及其优、缺点 5. 简述板式换热器连续灭菌流程及其优、缺点		1. 无菌意识 2. 达到理论结合实际的综合运用能力	1. 建立起"水资源是国家重要战略资源"的概念，养成节约用水的良好习惯，增强环境保护思维 2. 辩证思维	讲授+演示 问题教学 对比分析	多媒体教室 机房

续表

项目（章节）	教学内容	知识要求	技能要求	素质要求	思政要求	教学方法	教学环境
项目二 培养基连续灭菌设备	培养基连续灭菌流程中的设备	1. 说出常用加热设备的工作原理 2. 说出常用维持设备的工作原理 3. 说出常用冷却设备的工作原理		1. 加强理论联系实际的意识 2. 严格遵守SOP的工作态度	1. 质量意识 2. 遵守操作规程 培养学生职业道德和社会责任感	讲授+演示 分组讨论	多媒体教室 机房
项目三 空气净化除菌	空气介质过滤除菌设备	1. 简述空气介质过滤除菌流程，并图示其中三种 2. 说出压缩空气预处理的设备的工作原理	认识压缩空气预处理的流程、管路及设备	1. 安全意识 2. 培养科学严谨的工作态度	1. 强化安全伦理道德思维 2. 要有自我防护思维 3. 强化环保思维	讲授+讨论 理实一体 对比分析	多媒体教室 发酵车间
项目四 生物反应器的通风与溶氧传质	生物反应器的通风与溶氧（DO）传质	1. 说出氧在培养过程中的传递速率 2. 影响气液氧传递速率的因素		1. 培养学生吃苦耐劳的敬业精神和团队协作精神 2. 培养学生安全生产的意识	1. 技术保密思维 2. 辩证思维	讲授+讨论 提问法 重点回顾	多媒体教室 机房

续表

项目（章节）	教学内容	知识要求	技能要求	素质要求	思政要求	教学方法	教学环境
项目五 通风发酵设备	通用式发酵罐	掌握通用式发酵罐的结构、各部分的功能、原理		1. 培养学生努力创新的精神 2. 培养学生良好的职业道德	1. 爱国奉献、努力创新 2. 国际视野 3. 辩证思维 4. 专利的重要性	讲授＋讨论 翻转课堂 案例教学 虚拟仿真	多媒体教室 机房
	其他类型的发酵罐	掌握其他类型发酵罐的结构、各部分的功能、原理		1. 培养学生吃苦耐劳、严谨认真的工作态度 2. 加强爱国主义教育，树立正确的三观	1. 文化自豪感与家国情怀 2. 节能环保 3. 成本思维	讲授＋讨论 对比分析	多媒体教室
	发酵设备与三大管路	认识发酵设备与三大管路	能够指出三大管路的通路、熟练认识发酵罐的各部分结构	1. 培养学生严谨认真、团结协作的工作态度 2. 严格遵守SOP的工作态度	1. 树立安全伦理思维 2. 树立"严谨认真、安全生产"的思维	讲授＋演示 理实一体 虚拟仿真	发酵车间 机房

续表

项目（章节）	教学内容	知识要求	技能要求	素质要求	思政要求	教学方法	教学环境
项目五 通风发酵罐设备	空消	理解空消的原理及操作	掌握发酵罐进行空消的操作	1. 培养学生良好的责任心和敬业业的工作态度 2. 培养环保思维	1. 爱岗敬业 2. 树立冷却水循环思路	讲授+演示 理实一体 虚拟仿真	发酵车间 机房
	实消、接种	理解实消、接种的原理及操作	掌握发酵罐进行实消、接种的操作	1. 培养工匠精神、创新精神 2. 培养学生团结协作精神	1. 无菌操作意识 2. SOP操作规程 3. 安全生产思维 4. 大局意识 5. 辩证思维	讲授+演示 理实一体 虚拟仿真	发酵车间 机房
	培养、出料、清洗、电极保养	掌握参数的检测与调控、电极清洗、保存的方法	熟练进行参数调整、检测与调控、电极清洗、保存	1. 规范操作仪器；培养团结协作精神 2. 严格遵守SOP的工作态度	1. 清洁生产思维 2. 设备保养思维 3. 节能减排思维 4. 辩证思维	讲授+演示 理实一体 虚拟仿真	发酵车间 机房

续表

项目 (章节)	教学内容	知识要求	技能要求	素质要求	思政要求	教学方法	教学 环境
项目六 动植物细 胞培养装 置和酶 反应器	动植物 细胞培养 装置	掌握动植物细胞培养 装置的结构、各部分的 功能、原理		1. 培养学生努力创 新的精神 2. 具有诚信的职业 精神	1. 民族自豪感与家 国情怀 2. 降本增效思维	讲授+讨论 对比分析	多媒体 教室
	酶反应器	掌握酶反应器的结构 及各部分的功能、原理		1. 培养学生良好的 职业道德和职业素养 2. 具有安全生产的 意识	1. 绿色环保意识 2. 保护全球生物多 样性	讲授+讨论 案例教学	多媒体 教室
项目七 细胞破碎	细胞破碎	简述常用细胞破碎方 法(珠磨法、高压匀浆 法、超声破碎法、酶溶 法、化学渗透法)的原 理、特点及其适用性		1. 树立医药行业的 责任感、使命感 2. 培养学生高度负 责的职业精神	1. 注意实验安全、 规范操作实验设备 2. 定时体检、关注 健康 3. 树立"绿色防腐" 的理念	对比分析 案例教学 虚拟仿真	多媒体 教室 机房

129

续表

项目（章节）	教学内容	知识要求	技能要求	素质要求	思政要求	教学方法	教学环境
项目八 过滤设备	过滤设备	1. 说出板框式压滤机的工作原理（过滤、洗涤） 2. 说出真空转鼓式过滤机的工作原理	掌握板框式压滤机的结构、使用	1. 培养学生设备操作的安全意识 2. 培养良好的思维习惯和职业规范	1. 价值引领 2. 生命健康，尊重医护人员	对比分析 虚拟仿真	多媒体教室机房
项目九 离心设备	离心设备	说出管式高速离心机、碟片式离心机、卧螺离心机的工作原理	掌握管式高速离心机、碟片式离心机的结构、使用	1. 培养学生团队合作，与人沟通的能力 2. 树立良好的职业道德	1. 培养节能、环保、经济思维 2. 强化学生在生产与检测岗位上的安全意识	对比分析 虚拟仿真 翻转课堂	多媒体教室机房
项目十 萃取设备	萃取设备	1. 说出多级错流萃取和多级逆流萃取的特点 2. 常用的萃取设备有哪些，简述结构特点	掌握萃取设备的结构、使用	1. 培养学生自主学习、团队协作的能力 2. 能够吃苦耐劳，有良好的心理素质	1. 勇于创新、执着拼搏的科学精神 2. 中医药自信 3. 树立环保意识	案例教学 虚拟仿真	多媒体教室机房
项目十一 离子交换设备	离子交换设备	1. 说出离子交换设备的分类 2. 说出普通离子交换罐、反吸附离子交换罐、混合床交换罐的结构	掌握混合床的结构、使用	1. 培养学生分析问题和总结的能力 2. 培养学生积极创新的能力	1. 节约用水、环境保护 2. 开拓奉献、爱国主义	重点回顾 虚拟仿真	多媒体教室水车间机房

第二节 融入课程思政的考核评价体系

一、高职院校的学生现状

目前,高职院校的生源多样化,有高考录取,有对口升学,还有单独招生,学生主要是 00 后。他们普遍文化基础薄弱,不喜欢传统教学,有很强的自我意识,在吃苦耐劳、团队协作、积极进取等方面表现较差。高职学生思维活跃,对时事热点、焦点事件、热点话题的关注较多,但由于政治理论知识的欠缺,导致他们难以做到"透过现象看本质",不能对这些事件进行全面、客观、正确的分析,因而容易受到误导,陷入误区。

现阶段,高职教师要重新、客观地认识职业院校的学生特点:保底招生。所以,招生在变,高职教学过程就需要根据学生特点进行改革,实施与之匹配的保底教学、保底评价。

二、传统考核评价体系的现状

(一)评价形式单一

以"结论性评价"为主,期末"一考定乾坤",忽视"过程性评价"。所以学生在教学过程中缺乏主动性、积极性:平时再积极,再主动,翻转课堂、项目教学等课堂活动再好,不如期末拿个好成绩。

(二)评价方式单一

教师常常多以学生的出勤率、平时学习的表现、卷面考试的方式进行考核,不能调动学生的积极性。

(三)评价主体单一

传统的考核评价是以任课教师为主,单向的教师对学生的评价,学生在评价中很被动,没有主动权,也没有参与感。

(四)评价内容单一

侧重于对专业知识和专业技能的评价,缺少价值引领、道德情怀、人格素质培养、职业素养等方面的考核与评价。

三、融入课程思政的考核评价体系

在课程思政学业评价中,应该将思政教育考核纳入专业课程考核体系,增加体现价值引领、道德情怀、人格素质培养的评价维度,使学业评价从单一的专业知识维度,向道德情怀培养、人文素质培养、思想意识的变化、职业素养的养成等多维度延伸,建立双向反馈机制,考察课堂满意度、学生对教师的认可度、学生思想意识的知识内化和价值认同等方面。依据《职业教育提质培优行动计划(2020—2023 年)》、2021 年全国职业院校技能大赛教学能力比赛的比赛要求,《深化新时代教育评价改革总体方案》等文件要求,团队教师对"生物制药设备"进行课堂教学中的"评价模式"改革,强化过程评价,探索增值评价,健全综合评价,创新评价工具,拟开发一套教学质量评价软件,利用人工智能、大数据等现代信息技术,开展教与学行为分析,提升评价的可行性、客观性,使教学评价能有效落地。

团队教师根据"生物制药设备"的课程特点及教学过程,构建了多元化的教学质量评价标准,涵盖了教师对学生理论课、实训课的评价;学生对授课教师理论课、实训课的评价;教师同行对任课教师理论课、实训课的评价;学生对理论课、实训课的自评、互评;可供高职院校相关专业的师生参考使用。标准如下。

(一)"生物制药设备"课堂教学质量教师评价标准(理论课)

1."生物制药设备"理论课教学质量标准(教师评价表,见表5-2)

2. 操作及说明

(1)此表为某位教师对其所代班级的学生进行的理论课的教学质量评价表,如果该教师同时承担多个班级的教学任务,则取平均值。

(2)此理论课教学质量评价体系界定了 A(优秀)、B(良好)、C(合格)、D(不合格)四个等级内涵,共涉及 10 个项目,每个项目 10 分,评价标准如下:

A(优秀):10 分。

B(良好):8 分。

C(合格):7 分。

D(不合格):5.5 分。

(二)"生物制药设备"课堂教学质量教师评价标准(实训课)

1."生物制药设备"实训课教学质量标准(教师评价表,见表5-3)

2. 操作及说明

(1)此表为某位教师对其所代班级的学生进行的实训课的教学质量评价表,如果该教师同时承担多个班级的教学任务,则取平均值。

(2)此实训课教学质量评价体系界定了 A(优秀)、B(良好)、C(合格)、D(不合格)四个等级内涵,共涉及 10 个项目,每个项目 10 分,评价标准如下:

A(优秀):10 分。

B(良好):8 分。

C(合格):7 分。

D(不合格):5.5 分。

(三)"生物制药设备"课堂教学质量教师同行评价标准(理论课)

1."生物制药设备"理论课教学质量标准(教师同行评价表,见表5-4)

2. 操作及说明

(1)此表为教师同行对某位任课教师的理论课进行的教学质量评价表,如果多个同行教师对该教师进行了评价,则取平均值。

(2)此理论课教学质量评价体系界定了 A(优秀)、B(良好)、C(合格)、D(不合格)四个等级内涵,共涉及 10 个项目,每个项目 10 分,评价标准如下:

A(优秀):10 分。

B(良好):8 分。

C(合格):7 分。

D(不合格):5.5 分。

(四)"生物制药设备"课堂教学质量教师同行评价标准(实训课)

1."生物制药设备"实训课教学质量标准(教师同行评价表,见表5-5)

2. 操作及说明

(1)此表为教师同行对某位任课教师的实训课进行的教学质量评价表,如果多个同行教师对该教师进行了评价,则取平均值。

(2)此实训课教学质量评价体系界定了 A(优秀)、B(良好)、C(合格)、D(不合格)四个等级内涵,共涉及 10 个项目,每个项目 10 分,评价标准如下:

A(优秀):10 分。

B(良好):8 分。

C(合格):7 分。

D(不合格):5.5 分。

(五)"生物制药设备"课堂教学质量学生评价标准(理论课)

1."生物制药设备"理论课教学质量标准(学生评价表,见表5-6)

2. 操作及说明

(1)此表为某位教师所代班级的学生对该任课教师进行的理论课的教学质量评价表,如果该教师同时承担多个班级的教学任务,多个班级的学生对该教师进行了评价,则取平均值。

(2)此理论课教学质量评价体系界定了 A(优秀)、B(良好)、C(合格)、D(不合格)四个等级内涵,共涉及 10 个项目,每个项目 10 分,评价标准如下:

A(优秀):10 分。

B(良好):8 分。

C(合格):7 分。

D(不合格):5.5 分。

(六)"生物制药设备"课堂教学质量学生评价标准(实训课)

1."生物制药设备"实训课教学质量标准(学生评价表,见表5-7)

2. 操作及说明

(1)此表为某位教师所代班级的学生对该任课教师进行的实训课的教学质量评价表,如果该教师同时承担多个班级的教学任务,多个班级的学生对该教师进行了评价,则取平均值。

(2)此实训课教学质量评价体系界定了 A(优秀)、B(良好)、C(合格)、D(不合格)四个等级内涵,共涉及 10 个项目,每个项目 10 分,评价标准如下:

A(优秀):10 分。

B(良好):8 分。

C(合格):7 分。

D(不合格):5.5 分。

(七)"生物制药设备"课堂教学质量学生自评、互评标准 (理论课)

1."生物制药设备"理论课教学质量标准(学生自评、互评表,见表5-8)

2. 操作及说明

(1)此表为小组内其他学生对某个学生进行的理论课的教学质量评价表,如果多个学生对其进行了评价,则取平均值;也可用于学生自评。

(2)此理论课教学质量评价体系界定了 A(优秀)、B(良好)、C(合格)、D(不合格)四个等级内涵,共涉及 10 个项目,每个项目 10 分,评价标准如下:

A(优秀):10 分。

B(良好):8 分。

C(合格):7 分。

D(不合格):5.5 分。

(八)"生物制药设备"课堂教学质量学生自评、互评标准 (实训课)

1."生物制药设备"实训课教学质量标准(学生自评、互评表,见表5-9)

2. 操作及说明

(1)此表为小组内其他学生对某个学生进行的实训课的教学质量评价表,如果多个学生对其进行了评价,则取平均值;也可用于学生自评。

(2)此实训课教学质量评价体系界定了 A(优秀)、B(良好)、C(合格)、D(不合格)四个等级内涵,共涉及 10 个项目,每个项目 10 分,评价标准如下:

A(优秀):10 分。

B(良好):8 分。

C(合格):7 分。

D(不合格):5.5 分。

表 5-2　"生物制药设备"课堂教学质量教师评价标准（理论课）

一级指标	二级指标	分值	等级标准			
			A（优秀）10分	B（良好）8分	C（合格）7分	D（不合格）5.5分
1 基本素质	1.1 学生出勤	10	学生到课率达95%以上	学生到课率达90%～95%	学生到课率达85%～90%	学生到课率不足85%
	1.2 学习纪律	10	不迟到、早退、旷课、遵守纪律	不迟到、早退、旷课、能遵守纪律	不迟到、早退、旷课遵守纪律	有迟到、早退、旷课现象、课堂纪律较差
	1.3 学习态度	10	遵章守纪。学习积极主动。上课认真、踏实肯干、服从分配	遵章守纪。学习比较积极主动。上课比较认真、服从分配	基本能遵章守纪。上课基本认真、看手机、睡觉、说话等行为较少	不能遵章守纪。学习主动性较差。上课不认真、睡觉、看手机、说话等行为较多
2 课堂活动	2.1 听课效果	10	基础知识扎实、学习能力强、能很好地掌握课堂知识	基础知识比较扎实、学习能力比较强、能较好地掌握课堂知识	基础知识基本扎实、基本能听懂课堂知识	基础知识较差、学习能力差、课堂知识听不懂
	2.2 课堂互动	10	能积极回答教师的提问、回答准确、条理清晰	回答问题比较积极、回答比较准确	有时回答问题、回答基本准确	很少回答问题、很少参与互动

续表

一级指标	二级指标	分值	等级标准			
			A(优秀) 10分	B(良好) 8分	C(合格) 7分	D(不合格) 5.5分
2 课堂活动	2.3 网络教学	10	运用超星学习通等网络教学平台,进行线上线下混合式教学,学生能够积极主动配合,进行线上线下课堂活动	运用超星学习通等网络教学平台,进行线上线下混合式教学,学生能够主动配合,进行线上课堂活动	运用超星学习通等网络教学平台,进行线上线下混合式教学,学生基本能够配合,进行线上课堂活动	运用超星学习通等网络教学平台,进行线上线下混合式教学,学生很少配合,进行线上课堂活动
	2.4 团队合作	10	与组内同学主动沟通、协作,项目参与度高	能与组内同学较好地沟通、协作,项目参与度较高	基本能与组内同学沟通、协作,能参与项目	与组内同学很少沟通、协作,项目参与度不高
	2.5 创新思维	10	课堂上表现积极,思维活跃,经常有自己独到的见解	课堂上表现比较积极,有自己独到的见解	课堂上表现正常,有时能提出自己独到的见解	课堂上表现不积极,没有自己独到的见解
3 增值评价	3.1 素质提高	10	对学生在本学期的表现进行纵向评价:思想道德、基本素质、团队协作、作业情况等均有显著进步	对学生本学期的表现进行纵向评价:思想道德、基本素质、团队协作、作业情况等均有明显进步	对学生在本学期的表现进行纵向评价:思想道德、基本素质、团队协作、作业情况等均有进步	对学生在本学期的表现进行纵向评价:思想道德、基本素质、团队协作、作业情况等进步不明显

续表

一级指标	二级指标	分值	等级标准			
			A(优秀) 10分	B(良好) 8分	C(合格) 7分	D(不合格) 5.5分
4 学习成效	4.1 基本素质	10	学生在校期间思想稳定，积极上进；态度认真，能够进行良好的人际交往；有良好的责任感，大局观，有较强的自我管理能力等	学生在校期间思想稳定，态度认真，有比较好的交际能力，积极融入集体，有互助精神，能能够发现问题、解决问题	学生在校期间思想稳定，与同学能够和平相处，有大局意识，能参与集体活动	学生在校期间思想有波动，学习态度较差，和同学相处稍有困难，大局意识不强，对集体活动积极性稍差，缺乏主动性

表5-3　"生物制药设备"课堂教学质量教师评价标准（实训课）

一级指标	二级指标	分值	等级标准			
			A(优秀) 10分	B(良好) 8分	C(合格) 7分	D(不合格) 5.5分
1 基本素质	1.1 学生出勤	10	学生到课率达95%以上	学生到课率达90%~95%	学生到课率达85%~90%	学生到课率不足85%
	1.2 学习纪律	10	不迟到、早退、旷课，遵守纪律	不迟到、早退、旷课，能遵守纪律	不迟到、早退、旷课，基本遵守纪律	有迟到、早退、旷课现象，课堂纪律较差

续表

一级指标	二级指标	分值	等级标准			
			A（优秀）10分	B（良好）8分	C（合格）7分	D（不合格）5.5分
1 基本素质	1.3 学习态度	10	遵章守纪。学习积极主动。上课认真、踏实肯干	遵章守纪。学习比较积极主动。上课比较认真，服从分配	基本能遵章守纪。上课基本认真，说话等行为较少	不能遵章守纪。学习主动性较差。上课不认真、看手机、说话等行为较多
2 专业素质	2.1 操作能力	10	能很好地完成整个项目的操作，做到正确、规范	能较好地完成整个项目的操作，比较正确、规范	基本能完成整个项目的操作，基本正确、规范	不能完成整个项目的操作，正确性、规范性较差
	2.2 软件操作能力	10	具备很好的软件操作能力，能够很好地解决项目完成过程中存在的问题	具备较好的软件操作能力，能够较好地解决项目完成过程中存在的问题	软件操作能力一般，基本能够解决项目完成过程中存在的问题	软件操作能力较差，不能解决项目完成过程中存在的问题
	2.3 实训报告	10	应用学校统一的实训（实验）报告纸来撰写，独立完成，内容正确、画图正确、美观	应用学校统一的实训（实验）报告纸来撰写，独立完成，内容比较正确、画图比较正确	应用学校统一的实训（实验）报告纸来撰写，独立完成，内容基本正确、画图基本正确	应用学校统一的实训（实验）报告纸来撰写，抄袭现象严重、内容、画图有错误

续表

一级指标	二级指标	分值	等级标准			
			A（优秀）10分	B（良好）8分	C（合格）7分	D（不合格）5.5分
	3.1 团队合作	10	与组内同学主动沟通、协作，试剂、操作设备、保持场地清洁，有序	能与组内同学较好地沟通、协作，项目参与度较高	基本能与组内同学沟通、协作，能参与项目	与组内同学很少沟通、协作，项目参与度不高
	3.2 操作规范	10	能熟练、规范使用仪器、试剂，操作设备、保持场地清洁，有序	能比较规范地使用仪器、试剂，操作设备、保持场地清洁，有序	基本能规范地使用仪器、试剂，操作设备	不能规范地使用仪器、试剂，操作设备
3. 职业素养	3.3 安全生产	10	严格按照安全操作规则进行设备安全生产操作，有足够的安全生产、环境保护、规范操作等意识	按照安全操作规则进行，设备安全生产操作，有安全生产、环境保护、规范操作等意识	基本能按照安全操作规则进行设备安全生产操作，有基本的安全生产、环境保护、规范操作等意识	不能按照安全操作规则进行设备安全生产操作，安全生产、环境保护、规范操作等意识较差
	3.4 增值评价（素质提高）	10	对学生在本学期的表现进行纵向评价：思想道德、基本素质、团队协作、实训报告等均有显著进步	对学生在本学期的表现进行纵向评价：思想道德、基本素质、团队协作、实训报告等均有显著进步	对学生在本学期的表现进行纵向评价：思想道德、基本素质、团队协作、实训报告等均有进步	对学生在本学期的表现进行纵向评价：思想道德、基本素质、团队协作、实训报告等进步不明显

表5-4 "生物制药设备"课堂教学质量教师同行评价标准（理论课）

一级指标	二级指标	分值	A（优秀）10分	B（良好）8分	C（合格）7分	D（不合格）5.5分
1 教学内容	1.1 课程思政资源	10	具有丰富的课程思政元素（案例），并及时更新	课程思政元素（案例）较多，能满足教学要求	有课程思政元素（案例）	课程思政元素少，或没有
	1.2 教学设计	10	能合理设定知识要求、技能要求、素质要求、思政要求，科学编制教学计划和教案	知识要求、技能要求、素质要求、思政要求等内容比较合理，教学计划和教案的内容完善	有知识要求、技能要求、素质要求、思政要求，有教学计划和教案	只有知识要求、技能要求、素质要求、思政要求不清晰，教学计划、教案不完整
2 团队教师	2.1 教学能力	10	具有丰富的教学经验，能够较好地驾驭课堂。内容突出、重点突出、难点讲解逻辑性强，无照本宣科现象	教学经验比较丰富，能驾驭课堂。讲课内容比较熟练，重点、难点讲解清楚	有教学经验，能管理好课堂。内容基本熟练，有重点，能讲清楚重点、难点	教学经验不足，课堂管理较差。内容不熟练，讲解不清楚，重点不突出，内容有错误
	2.2 教学素养	10	具有正确的三观。教书育人，为人师表，尊重学生，关注每一位学生的成长	教学中，言谈举止大方，符合师德师风的要求，讲课精神饱满，有热情，有温度	能完成基本教学任务，教学中没有不当的言行举止	不尊重学生，不尊重课堂，教师不当的言行举止起不到表率作用

续表

一级指标	二级指标	分值	等级标准			
			A(优秀)10分	B(良好)8分	C(合格)7分	D(不合格)5.5分
3 教学实施	3.1 教学方法	10	能够灵活运用讲授、案例、启发式、项目化等现代教学方法,能够将思政元素("案例")有机融入专业知识和技能,能有效激发学生的学习兴趣,课堂气氛活跃,师生互动良好	能够运用讲授、案例、启发式、项目化等多种现代教学方法,能够将思政元素("案例")适当地融入专业知识和技能,学生能积极参与课堂活动	有讲授、案例、启发式、项目化等多种现代教学方法,在专业知识和技能等中有思政元素("案例"),有部分学生能积极参与课堂活动	教学方法单一,思政元素("案例")少,或没有,学生对课堂活动的参与度低
3 教学实施	3.2 教学手段	10	能够合理利用板书、多媒体、信息技术等教学手段,数字化教学资源丰富,"互联网+教育"有效落地,构建了泛在学习的教学环境	能够熟练利用板书、多媒体、信息技术等教学手段,数字化教学资源比较丰富,能较好地实现泛在学习	能够使用板书、多媒体、信息技术等教学手段,有数字化教学资源,能实现泛在学习	教学手段单一,数字化教学资源缺乏,不足以实现泛在学习
3 教学实施	3.3 网络教学	10	有效利用超星学习通等网络教学平台,进行线上线下混合式教学,线上课堂活动丰富多样	能利用超星学习通等网络教学平台,进行线上线下混合式课堂活动比较多样	有利用超星学习通等网络教学平台,有线上课堂活动	没有利用超星学习通等网络教学平台,没有线上课堂活动

续表

一级指标	二级指标	分值	等级标准			
			A（优秀）10分	B（良好）8分	C（合格）7分	D（不合格）5.5分
4 期末活动	4.1 期末考试	10	在考试内容中充分体现了思政内容	在考试内容中有明显的思政内容	在考试内容中有思政内容	在考试内容中，思政内容少，或没有
5 教学评价	5.1 教学评价	10	依托线上平台和软件工具，运用大数据、人工智能等现代信息技术，能够很好地开展教与学行为分析	依托线上平台软件工具，运用大数据、人工智能等现代信息技术，能较好地开展教与学行为分析	依托线上平台和软件工具，运用大数据、人工智能等现代信息技术，能开展教与学行为分析	依托线上平台和软件工具，运用大数据、人工智能等现代信息技术，为分析较少或没有
6 教学反思	6.1 教学反思	10	教学实施后能充分反思在教学理念、教学设计、教学实施、教学评价过程中形成的经验与总结存在的不足，并且充分总结在课程思政、素养教育、重点突出、难点突破等方面的改革与创新	教学实施后能较好地反思在教学理念、教学设计、教学实施、教学评价过程中形成的不足，在课程思政、素养教育、重点突出、难点突破方面的改革与创新	教学实施后基本能反思在教学理念、教学设计、教学实施、教学评价过程中形成的经验与存在的不足，能总结在课程思政、素养教育、重点突出、难点突破等方面的改革与创新	教学实施后没有反思在教学理念、教学设计、教学实施、教学评价过程中存在的不足，没有总结在课程思政、素养教育、重点突出、难点突破等方面的改革不到位

表5-5　"生物制药设备"课堂教学质量教师同行评价标准（实训课）

一级指标	二级指标	分值	等级标准			
			A（优秀）10分	B（良好）8分	C（合格）7分	D（不合格）5.5分
1 教学内容	1.1 课程思政资源	10	具有丰富的课程思政元素（案例），充分体现了"安全生产，环境保护、规范操作"等工程伦理的内容	课程思政元素（案例）较多，能满足教学要求，较好地体现了"安全生产、环境保护、规范操作"等工程伦理的内容	有课程思政元素（案例），有"安全生产，环境保护、规范操作"等工程伦理的内容	课程思政元素少，或没有，没有体现"安全生产，环境保护、规范操作"等工程伦理的内容
	1.2 实训内容	10	实训教学内容很好地体现了真实工作任务、项目或工作流程、过程等，能够很好地对接职业技能等级标准	实训教学内容较好地体现了真实工作任务、项目或工作流程、过程等，能够较好地对接职业技能等级标准	实训教学内容基本体现了真实工作任务、项目或工作流程、过程等，基本能对接职业技能等级标准	实训教学内容不能体现真实的工作任务、项目或工作流程、过程等，不能对接职业技能等级标准

续表

一级指标	二级指标	分值	等级标准			
			A(优秀)10分	B(良好)8分	C(合格)7分	D(不合格)5.5分
2 教学准备	2.1 教学准备	10	教师理论功底扎实,实践能力强,实训理论将理论整合,注重培养学生的职业技能和职业素质	教师理论功底较扎实,实践能力较强,实训内容好地将理论,比较注重培养学生熟练的职业技能和职业素质	教师理论功底基本扎实,实践能力基本能胜任教学工作,基本能将理论、实训内容进行整合,基本能做到培养学生的职业技能和职业素质	教师理论功底不扎实,实践能力较差,不能将理论、实训内容进行整合,不能做到培养学生的职业技能和职业素质
	2.2 教学设计	10	结合专业特点,很好地拓展教学内容深度和广度,充分体现产业发展新趋势、新业态、新模式	结合专业特点,较好地拓展教学内容深度和广度,较好地体现产业发展新趋势、新业态、新模式	能结合专业特点,拓展教学内容深度和广度,能体现产业发展新趋势、新业态、新模式	拓展深度和广度的教学内容较少,不能体现产业发展新趋势、新业态、新模式
3 团队教师	3.1 教学能力	10	具有丰富的教学经验,关注技术技能教学重点、难点的解决,能够针对学习和实践反馈及时调整教学,突出以学生为中心	教学经验比较丰富,讲课内容比较熟练,比较关注技术技能教学重点、难点的解决,能够针对学生的反馈及时调整教学	有教学经验,内容基本熟练、有重点,能讲清楚重点、难点	教学经验不足,内容不熟练、讲解不清楚,重点不突出,内容有错误

续表

一级指标	二级指标	分值	等级标准			
			A(优秀) 10分	B(良好) 8分	C(合格) 7分	D(不合格) 5.5分
4 教学实施	4.1 教学方法	10	教学方法灵活多样，合理运用项目教学、案例教学，分组讨论法等教学方法，教学场所直接安排到实训车间，做到工学结合、理实一体	教学方法比较多样，比较合理地运用项目教学、案例教学，分组讨论法等教学方法，教学场所所在实训车间，能够较好地将课程的理论教学、实践教学融于一体	教学方法基本多样，运用了项目教学、案例教学，分组讨论法等教学方法，教学场所所在实训车间，教学场上将课程的理论教学、实践教学融于一体	教学方法单一，教学场所不在实训车间，没有将课程的理论教学、实践教学融于一体，教学环节不集中
	4.2 信息技术	10	能充分运用虚拟仿真、虚拟现实等信息技术手段开展实训教学，显著提高了教学效果	较熟练地运用虚拟仿真、虚拟现实等信息技术手段开展实训教学，较好地提高教学效果	有运用虚拟仿真、虚拟现实等信息技术手段实展开实训教学，提高了教学效果	虚拟仿真、虚拟现实等信息技术手段较少或没设有，教学效果的提高不明显
5 期末活动	5.1 技能考试	10	在考试内容中充分体现了"安全生产，环境保护，规范操作"等工程伦理的内容	在考试内容中有明显的"安全生产，环境保护，规范操作"等工程伦理的内容	在考试内容中有"安全生产，环境保护，规范操作"等工程伦理的内容	在考试内容中，"安全生产，环境保护，规范操作"等工程伦理的内容少，或没有

续表

一级指标	二级指标	分值	等级标准			
			A(优秀)10分	B(良好)8分	C(合格)7分	D(不合格)5.5分
6 教学评价	6.1 教学评价	10	依托线上平台和软件工具，运用大数据，人工智能等现代信息技术，能能够很好地开展教与学行为分析	依托线上平台和软件工具，运用大数据，人工智能等现代信息技术，能够较好地开展教与学行为分析	依托线上平台和软件工具，运用大数据，人工智能等现代信息技术，能开展教与学行为分析	依托线上平台和软件工具，运用大数据，人工智能等现代信息技术，开展教与学行为分析较少或没有
7 教学反思	7.1 教学反思	10	教学实施后能充分反思在教学理念、教学设计、教学实施、教学评价过程中形成的经验与存在的不足，并且充分总结在课程思政、素养教育、重点突出、难点突破等方面的改革与创新	教学实施后能较好地反思在教学理念、教学设计、教学实施、教学评价过程中形成的经验与存在的不足，较好地总结在课程思政、素养教育、重点突出、难点突破等方面的改革与创新	教学实施后基本能反思在教学理念、教学设计、教学实施、教学评价过程中形成的经验与存在的不足，能总结在课程思政、素养教育、重点突出、难点突破等方面的改革与创新	教学实施后没有反思在教学设计、教学实施、教学评价过程中形成的经验与存在的不足，没有总结在课程思政、素养教育等方面，重点突出、难点突破等方面的改革与创新或总结不到位

表5-6 "生物制药设备"课堂教学质量学生评价标准（理论课）

一级指标	二级指标	分值	等级标准			
			A（优秀）10分	B（良好）8分	C（合格）7分	D（不合格）5.5分
1 教学内容	1.1 课程思政资源	10	具有丰富的课程思政元素（案例），并及时更新	课程思政元素（案例）较多，能满足教学要求	有课程思政元素（案例）	课程思政元素少，或没有
2 团队教师	2.1 教学能力	10	具有丰富的教学经验，能够很好地驾驭课堂。讲课内容熟练，重点突出，逻辑性强，无照本宣科现象	教学经验比较丰富，能够驾驭课堂。讲课内容比较熟练，重点、难点讲解清楚	有教学经验，能管理好课堂。内容基本熟练，能讲清楚重点难点	教学经验不足，课堂管理较差。内容不熟练，讲解不清楚，重点不突出，内容有错误
	2.2 教学素养	10	具有正确的三观，为人师表，教书育人，尊重每一位学生，关注每一位学生的成长	教学中，言谈举止大方，符合教师德行风范要求，讲课精神饱满，有热情，有温度	能完成基本教学任务，教学中没有不当的言行举止	不尊重学生，不尊重课堂，起不到表率作用
	2.3 教学语言	10	普通话标准，声音洪亮，思路清晰，讲课风趣幽默，有吸引力	普通话比较标准，声音能听清，思路比较清晰，讲课有吸引力	普通话能听懂，声音一般，思路清楚，讲课平淡	普通话不标准，思路不清楚，讲课混乱，没有吸引力

续表

一级指标	二级指标	分值	等级标准			
			A（优秀）10分	B（良好）8分	C（合格）7分	D（不合格）5.5分
2 团队教师	2.4 教学知识	10	具有较强的学习能力，丰富的专业知识和思政知识	具有较好的学习能力，专业知识和思政知识比较丰富，能够保证课堂教学的顺利开展	有学习能力，专业知识和思政知识能够保证完成课堂教学任务	学习能力不强，专业知识和思政知识储备不足，课堂教学任务完成较差
3 教学实施	3.1 教学方法	10	能够灵活运用讲授、案例、启发式、项目化等多种现代教学方法，能够将思政元素（案例）有机融入专业知识和技能，能有效激发学生的学习兴趣，课堂气氛活跃，师生互动良好	能够运用讲授、案例、启发式、项目化等多种现代教学方法，能够将思政元素（案例）适当地融入专业知识和技能，学生能积极参与课堂活动	有讲授、案例、启发式、项目化等多种现代教学方法，在专业知识和技能内容中有思政元素（案例），有部分学生能积极参与课堂活动	教学方法单一，思政元素（案例）少，或没有，学生对课堂活动的参与度低
	3.2 教学手段	10	能够合理利用板书、多媒体、信息技术等教学手段，数字化教学资源丰富，"互联网+教育"有效落地，构建了泛在学习的教学环境。	能够熟练利用板书、多媒体、信息技术等教学手段，数字化教学资源比较丰富，能较好地实现泛在学习	能够使用板书、多媒体、信息技术等教学手段，有数字化教学资源，能实现泛在学习	教学手段单一，数字化教学资源缺乏，不足以实现泛在学习

续表

等级标准

一级指标	二级指标	分值	A（优秀）10分	B（良好）8分	C（合格）7分	D（不合格）5.5分
3 教学实施	3.3 教学纪律	10	课堂纪律严抓严管，课堂秩序良好，教学效果良好	课堂纪律良好，能保证课堂教学顺利开展，教学效果比较好	课堂纪律基本正常，课堂教学能正常开展，基本能保证教学效果	课堂纪律较差，不能保证课堂教学顺利开展，教学效果较差
	3.4 课后活动	10	有精心准备的为课堂服务的课后作业或小组活动，习题量适当，教师能及时指导，反馈，批改作业	有配套的为课堂服务的课后作业或小组活动，习题量适当，教师能进行指导，反馈，批改作业等活动	有课后作业或小组活动，教师能完成作业批改	课后作业或者小组活动不足，或者数量不足，教师不能完成作业批改，或批改作业不及时
	3.5 网络教学	10	有效利用超星学习通等网络教学平台，进行线上上线下混合式教学，线上课堂活动丰富多样	能利用超星学习通等网络教学平台，进行线上线下混合式教学，线上课堂活动比较多样	有利用超星学习通教学平台，有线上课堂活动	没有利用超星学习通等网络教学平台，没有线上课堂活动

表 5-7 "生物制药设备"课堂教学质量学生评价标准（实训课）

一级指标	二级指标	分值	等级标准			
			A(优秀) 10 分	B(良好) 8 分	C(合格) 7 分	D(不合格) 5.5 分
1 教学内容	1.1 课程思政资源	10	具有丰富的课程思政元素(案例)，充分体现了"安全生产、环境保护、规范操作"等工程伦理的内容	课程思政元素(案例)较多，能满足教学要求，较好地体现了"安全生产、环境保护、规范操作"等工程伦理的内容	有课程思政元素(案例)，有"安全生产、环境保护、规范操作"等工程伦理的内容	课程思政元素少，或没有体现"安全生产、环境保护、规范操作"等工程伦理的内容
	1.2 实训内容	10	实训教学内容很好地体现了真实工作任务、项目或工作流程、过程等，能够很好地对接职业技能等级标准	实训教学内容较好地体现了真实工作任务、项目或工作流程、过程等，能够较好地对接职业技能等级标准	实训教学内容基本体现了真实工作任务、项目或工作流程、过程等，基本能对接职业技能等级标准	实训教学内容不能体现真实工作任务、项目或工作流程、过程等，不能对接职业技能和职业等级标准
2 教学准备	2.1 教学准备	10	教师理论功底扎实、实践能力强，能够很好地将理论、实训内容进行整合，比较注重培养学生熟练的职业技能和职业素质	教师理论功底较扎实，实践能力较强，能够较好地将理论、实训内容进行整合，比较注重培养学生熟练的职业技能和职业素质	教师理论功底基本扎实，实践能力基本能胜任教学工作，基本能将理论、实训内容进行整合，基本能做到培养学生的职业技能和职业素质	教师理论功底不扎实，实践能力较差，不能将理论、实训内容进行整合，不能培养学生的职业技能和职业素质

续表

一级指标	二级指标	分值	等级标准			
			A（优秀）10分	B（良好）8分	C（合格）7分	D（不合格）5.5分
3 团队教师	3.1 教学能力	10	具有丰富的教学经验，关注技术技能教学重点、难点，能够针对所学习点的解决，能够针对对学生的和实践反馈及时调整教学，突出以学生为中心	教学经验比较丰富，讲课内容比较熟练，比较关注技术技能教学重点、难点的解决，能够针对对学生的反馈及时调整教学	有教学经验，内容基本熟练、有重点，能讲清楚重点、难点	教学经验不足，内容不熟练，讲解不清楚，重点不突出，内容有错误
	3.2 示范操作	10	实训教学讲解和操作配合恰当、规范娴熟，示范有效、符合职业岗位要求	实训教学讲解和操作配合比较恰当，操作规范，示范有效，符合职业岗位要求	实训教学讲解和操作配合恰当，操作基本规范，示范有效、基本符合职业岗位要求	实训教学讲解和操作配合不大恰当，操作不大规范，不符合职业岗位要求
4 教学实施	4.1 教学方法	10	教学方法灵活多样，合理运用项目教学、案例教学、分组讨论法等教学方法，教学场所直接安排到实训车间，做到工学结合，理实一体	教学方法比较多样，比较合理地运用项目教学、案例教学、分组讨论法等教学方法，教学场所在实训车间，能够较好地将课程的理论教学、实践教学融于一体	教学方法基本多样，运用项目教学、案例教学、分组讨论法等教学方法，教学场所在实训车间，基本上将课程的理论教学、实践教学融于一体	教学方法单一，教学场所不在实训车间，没有将课程的理论教学、实践教学融于一体，教学环节不集中

续表

一级指标	二级指标	分值	等级标准			
			A（优秀）10分	B（良好）8分	C（合格）7分	D（不合格）5.5分
4 教学实施	4.2 课堂互动	10	教学环境满足需求，教学活动安全深入有效，教学互动深入有效，教学气氛生动活泼	教学环境较好，教学活动比较有序，教学互动较好，教学气氛比较活泼	教学环境基本满足需求，教学活动正常有序，有教学互动	教学环境不能满足需求，不能维持正常的教学活动，教学互动较少
	4.3 信息技术	10	能充分运用虚拟仿真、虚拟现实等信息技术手段开展实训教学，显著提高了教学效果	能熟练运用虚拟仿真、虚拟现实等信息技术手段开展实训教学，较好地提高教学效果	有运用虚拟仿真、虚拟现实等信息技术开展实训教学，提高了教学效果	虚拟仿真、虚拟现实等信息技术手段较少或没有，或教学效果的提高不明显
	4.4 实训报告	10	学生应用学校统一的实训（实验）报告纸来撰写，独立完成，教师认真批改，并点评、总结	学生应用学校统一的实训（实验）报告纸来撰写，能够独立完成，教师批改比较认真	学生应用学校统一的实训（实验）报告纸来撰写，基本能够独立完成，教师有批改	学生应用学校统一的实训（实验）报告纸来撰写，抄袭现象严重，教师不批改，或不及时

续表

一级指标	二级指标	分值	等级标准			
			A（优秀）10分	B（良好）8分	C（合格）7分	D（不合格）5.5分
5 教学效果	5.1学生掌握情况	10	大多数学生能够较好地掌握必备的基础理论和专业技能，并能在实践中灵活运用；重视实践环节的操作	多数学生能够较好地掌握必备的基础理论和专业技能，并能在实践中灵活运用；重视实践环节的操作	多数学生基本能够掌握必备的基础理论和专业技能，并能运用到实践中	多数学生必备的基础理论和专业技能掌握较差，在实践中不能灵活运用

表5-8 "生物制药设备"课堂教学质量学生自评、互评标准（理论课）

一级指标	二级指标	分值	等级标准			
			A（优秀）10分	B（良好）8分	C（合格）7分	D（不合格）5.5分
1 基本素质	1.1学习纪律	10	不迟到、早退、旷课，遵守纪律	不迟到、早退、旷课，能遵守纪律	不迟到、早退、旷课，基本遵守纪律	有迟到、早退、旷课现象，课堂纪律较差
	1.2学习态度	10	遵章守纪。学习积极主动，学习认真，服从分配，踏实肯干	遵章守纪。学习比较积极主动。上课比较认真，服从分配	基本能遵章守纪。上课基本认真，学习主动，看手机、睡觉、说话等行为较少	不能遵章守纪。学习不主动，性较差。上课不认真，看手机、睡觉、说话、上课说话等行为较多

续表

一级指标	二级指标	分值	等级标准			
			A（优秀）10分	B（良好）8分	C（合格）7分	D（不合格）5.5分
2 课堂表现	2.1 听课效果	10	基础知识扎实、学习能力强，能很好地掌握课堂知识	基础知识比较扎实，学习能力比较强，能较好地掌握课堂知识	基础知识基本扎实，基本能听懂懂课堂知识	基础知识较差，学习能力较差，课堂知识听不懂
	2.2 课堂互动	10	能积极回答教师的提问，回答准确、条理清晰，能够积极主动配合，进行线上课堂活动	回答问题比较积极、回答比较准确，学生能够主动配合，进行线上课堂活动	有时回答问题，回答基本准确，学生基本能配合，进行线上课堂活动	很少回答问题，很少参与互动，学生很少配合，进行线上课堂活动
	2.3 团队合作	10	与组内同学主动沟通、协作，项目参与度高	能与组内同学较好地沟通协作，项目参与度较高	基本能与组内同学沟通、协作，能参与项目	与组内同学很少沟通、协作，项目参与度不高
	2.4 创新思维	10	课堂上表现积极，思维活跃，经常有自己独到的见解	课堂上表现比较积极，有自己独到的见解	课堂上表现正常，有时能提出自己独到的见解	课堂上表现不积极，没有自己独到的见解
	2.5 课后作业	10	能积极主动、独立完成作业，作业质量很高	能独立完成作业，作业质量较高	能独立完成作业，作业质量基本达标	不能独立完成作业，作业质量较差

续表

一级指标	二级指标	分值	等级标准			
			A(优秀) 10分	B(良好) 8分	C(合格) 7分	D(不合格) 5.5分
3 学习成效	3.1 学习成效	10	学生在校期间思想稳定、积极上进；态度认真，能够进行良好的人际交往；有良好的责任感，大局观，有较强的自我管理能力等	学生在校期间思想稳定，态度认真，有比较好的交际能力，积极融入集体，有互助精神，能够发现问题、解决问题	学生在校期间思想稳定、与同学能够和平相处、有大局意识、能参与集体活动	学生在校期间思想有波动、学习态度较差、和同学相处稍有困难、大局意识不强、对集体活动积极性稍差、缺乏主动性
4 增值评价	4.1 素质提高	10	学生在校期间，思想道德、文化素质、职业素质等均有大幅提升	学生在校期间，思想道德、文化素质、职业素质等均有明显进步	学生在校期间，思想道德、文化素质、专业素质等均有进步	学生在校期间，专业素质、文化素质、素质等方面进步不明显
5 综合评价	5.1 综合素质	10	学生在校期间，德智体美劳各方面表现优异	学生在校期间，德智体美劳各方面表现良好	学生在校期间，德智体美劳各方面表现合格	学生在校期间，德智体美劳各方面表现较差

表 5-9 "生物制药设备"课堂教学质量学生自评、互评标准（实训课）

一级指标	二级指标	分值	等级标准			
			A（优秀）10分	B（良好）8分	C（合格）7分	D（不合格）5.5分
1 基本素质	1.1 学习纪律	10	不迟到、早退、旷课，遵守纪律	不迟到、早退、旷课，能遵守纪律	不迟到、早退、旷课，基本遵守纪律	有迟到、早退、旷课现象，课堂纪律较差
	1.2 学习态度	10	遵章守纪。上课认真主动。服从分配，踏实肯干	遵章守纪。学习比较积极主动。上课比较认真，服从分配	基本能遵章守纪。上课基本认真，上课玩手机为较少	不能遵章守纪。上课较差，上课玩手机、说话等行为较多
2 专业素质	2.1 操作能力	10	能很好地完成整个项目的操作，做到正确、规范	能较好地完成整个项目的操作，比较正确、规范	基本能完成整个项目的操作，基本正确、规范	不能完成整个项目的操作，正确性、规范性较差
	2.2 软件操作能力	10	具备很好的软件操作能力，能够很好地解决项目完成过程中存在的问题	具备较好的软件操作能力，能够较好地解决项目完成过程中存在的问题	软件操作能力一般，基本能够解决项目完成过程中的存在的问题	软件操作能力较差，不能解决项目完成过程中存在的问题

续表

一级指标	二级指标	分值	等级标准			
			A（优秀）10分	B（良好）8分	C（合格）7分	D（不合格）5.5分
2 专业素质	2.3 实训报告	10	应用学校统一的实训（实验）报告纸来撰写，独立完成，内容正确，画图正确，美观	应用学校统一的实训（实验）报告纸来撰写，独立完成，内容比较正确，画图比较正确	应用学校统一的实训（实验）报告纸来撰写，独立完成，内容基本正确，画图基本正确	应用学校统一的实训（实验）报告纸来撰写，抄袭现象严重，内容、画图有错误
3. 职业素养	3.1 团队合作	10	与组内同学主动沟通、协作，项目参与度高	能与组内同学较好地沟通协作，项目参与度较高	基本能与组内同学沟通、协作，能参与项目	与组内同学很少沟通、协作，项目参与度不高
	3.2 操作规范	10	能熟练、规范地使用仪器、试剂，操作设备，保持场地清洁，有序	能比较规范地使用仪器、试剂，操作设备，有序	基本能规范地使用仪器、试剂，操作设备	不能规范地使用仪器、试剂，操作设备
	3.3 安全生产	10	严格按照安全操作规则进行设备安全生产操作，有足够的安全生产，环境保护、规范操作等意识	按照安全操作规则进行设备安全生产操作，有安全生产，环境保护、规范操作等意识	基本按照安全操作规则进行设备安全生产操作，有基本的安全生产，环境保护、规范操作等意识	不能按照安全操作规则进行设备安全生产操作，环境保护、规范操作、安全生产等意识较差

续表

一级指标	二级指标	分值	等级标准			
			A(优秀) 10分	B(良好) 8分	C(合格) 7分	D(不合格) 5.5分
3.职业素养	3.4 增值评价(素质提高)	10	对学生在本学期的表现进行纵向评价:思想道德、基本素质、团队协作、实训报告等均有显著进步	对学生在本学期的表现进行纵向评价:思想道德、基本素质、团队协作、实训报告等均有明显进步	对学生在本学期的表现进行纵向评价:思想道德、基本素质、团队协作、实训报告等均有进步	对学生在本学期的表现进行纵向评价:思想道德、基本素质、团队协作、实训报告等进步不明显
4 综合评价	4.1 综合评价	10	学生在校期间,德智体美劳各方面表现优异	学生在校期间,德智体美劳各方面表现良好	学生在校期间,德智体美劳各方面表现合格	学生在校期间,德智体美劳各方面表现较差

在构建教学质量评价标准的过程中，力求体现"多元化"。评价主体多元：由任课教师、辅导员、班级同学、学生自己、技术人员、信息环境等多方参与评价；评价方式多元："过程性评价"为主，"结论性评价"为辅；评价内容多元：从课程专业知识维度，向思政教育、综合素养、专业知识、专业技能、价值引领等多维度延伸，探索增值评价；建立健全教师、学生双向反馈机制，带动教师与学生实现双向成长（评价表见附录 10），重在实现"多元、多面、全程"的考核评价。评价过程中以学生为中心，体现学生的个性化、增值性，通过信息化技术和互联网技术，使"多元评价系统"能够落地实现，对课堂教学、实训教学、网络教学、泛在学习、期末活动等及时评价，以提高学生的学习兴趣，形成学生的成长档案。学生毕业后，通过问卷调查、大数据分析等手段持续跟踪毕业生在工作岗位上的思想表现，为持续优化课程思政方式方法提供数据支撑。

四、教学考核要求

本门课程采用终结性评价和过程性评价相结合的方式，以更好地反映学生对所学知识的掌握程度和实际操作能力。

（一）过程性评价（占总成绩的 50％）

包括理论课的评价（25％）、实训课的评价（25％），其中，学生自评（10％），小组互评（20％），教师评价（70％）。学生对理论课的基本素质、课堂表现、学习成效、增值评价、综合评价等进行评价，对实训课的基本素质、专业素质、职业素养、综合评价等进行评价。教师对理论课的基本素质、课堂活动、增值评价、学习成效等进行评价，对实训课的基本素质、专业素质、职业素养等进行评价。

（二）终结性评价（占总成绩的 50％）

终结性评价在该门课程结业时进行，对学生该学期所学的理论知识和技能操作进行全面综合测评，其中，理论知识占 30％，技能测试占70％。总成绩的 50％即为终结性评价结果。终结性评价要求命题覆盖面广,试题难度适中,题量适当。理论部分采用口答方式,重点考核学生运用知识和技能的综合能力,允许和鼓励学生发表独到见解。实训部分主要包括对设备的认知程度、实际操作等方面。

表 5-10 "生物制药设备"课程考核内容及分值比例一览表

评价形式	评价主体		分值	评价项目
过程性评价	理论课的评价	学生自评(10%)	25%	基本素质、课堂表现、学习成效、增值评价、综合评价等
		小组互评(20%)		基本素质、课堂表现、学习成效、增值评价、综合评价等
		教师评价(70%)		基本素质、课堂活动、增值评价、学习成效等
	实训课的评价	学生自评(10%)	25%	基本素质、专业素质、职业素养、综合评价等
		小组互评(20%)		基本素质、专业素质、职业素养、综合评价等
		教师评价(70%)		基本素质、专业素质、职业素养等
终结性评价	教师评价		50%	学生对基本技能的掌握与应用情况
学生总成绩=过程性评价(50%)+终结性评价(50%)				

第六章　课程思政实施的效果调查

在融入课程思政的教学运行两学期后,课程组针对课程思政教学改革实施的效果设计了问卷调查(见附录 11),调查对象为山西药科职业学院生物制药技术专业的同学,以了解学生对于"生物制药设备"进行课程思政教学改革的接受程度、认可程度。

一、调查对象

调查对象为山西药科职业学院 2019 级生物制药技术专业 1 班、2020 级生物制药技术专业 1 班的同学。

二、调查方法

采取问卷调查法。

三、调查目的

对山西药科职业学院生物制药技术专业的同学进行调查,以了解学生对于"生物制药设备"进行课程思政教学改革的接受程度、认可程度。

四、调查问卷设计

课题组成员通过"问卷星"制作调查问卷,通过微信发布问卷,共设置了 13 道选择题,主要围绕课程中是否体现了家国情怀、工匠精神、工程思维等内容,是否在三观培养、规范操作、职业道德等方面对学生有帮助。

五、调查结果分析

回收有效问卷 91 份,结果如表 6-1 所示。

表 6-1 "生物制药设备"课程思政教学效果调查表

答案来源各省份填写分布情况

省份	数量	百分比
山西	70	76.92%
江苏	16	17.58%
北京	4	4.40%
陕西	1	1.10%

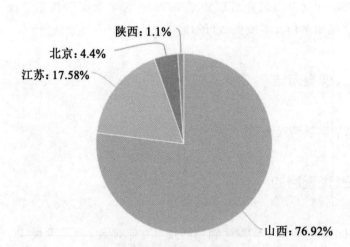

图 6-1 "生物制药设备"课程思政教学效果调查表

答案来源各省份填写分布图

从表 6-1、图 6-1 中可以看出,参与"生物制药设备"课程思政教学效果调查的人员省份以山西为主,因为 2019 级生物制药技术专业 1 班正在实习,所以有少数同学在外地。

表 6-2 "生物制药设备"课程思政教学效果调查表
答案来源山西省的用户分布情况

城市	数量	百分比
太原	51	72.86%
未知	11	15.71%
临汾	3	4.29%
长治	2	2.86%
晋中	1	1.43%
阳泉	1	1.43%
运城	1	1.43%

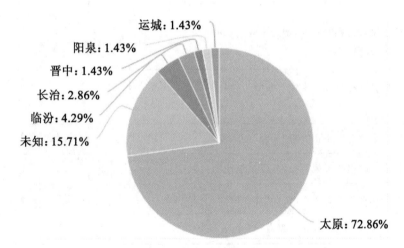

图 6-2 "生物制药设备"课程思政教学效果调查表
答案来源山西省的用户分布图

从表 6-2、图 6-2 中可以看出，参与"生物制药设备"课程思政教学效果调查的山西省的人员主要分布在太原。

"生物制药设备"课程思政教学效果调查结果如表 6-3 所示。

表6-3 "生物制药设备"课程思政教学效果调查表(%)

调查项目	同意	无所谓	不同意
"生物制药设备"融入课程思政很有必要	92.3	4.4	3.3
本课程的思政内容中体现了"家国情怀"这一思政元素	95.6	2.2	2.2
本课程的思政内容中体现了"工匠精神"这一思政元素	96.7	2.2	1.1
本课程的思政内容中体现了"劳动精神"这一思政元素	95.6	2.2	2.2
本课程的思政内容中融入了"节约意识、成本意识、质量意识、大局意识"等与职业素养相关的思政元素	95.6	2.2	2.2
"生物制药设备"课程思政内容比较恰当	93.4	4.4	2.2
课堂上有关中国的话题、素材等内容的比例适中	97.8	1.1	1.1
课程思政内容的融入,增加了专业课的趣味性,提高了学习兴趣、效果	93.4	5.5	1.1
课程思政对自己未来作为药学工作者的职业认同感有提高	94.5	3.3	2.2
课程思政有助于正能量"三观"的培养	94.5	3.3	2.2
课程思政提高了规范操作、爱岗敬业的意识	92.3	6.6	1.1
本课程思政内容引入的方式比较恰当,不太生硬	90.1	5.5	4.4
考试时应适当结合课程思政	95.6	3.3	1.1

从调查结果中可以看出,大部分同学认为课程中体现了家国情怀、工匠精神、工程思维等内容,在三观培养、规范操作、职业道德等方面都有进步(调研结果见附录12)。因此,实施课程思政达到了预期的效果,这项工作在今后的教学中要常抓不懈,不断推进。图6-3是"生物制药设备"课程思政改革教学效果调查问卷的部分结果。

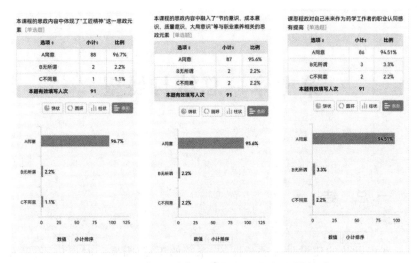

图 6-3 "生物制药设备"课程思政改革教学
效果调查问卷的部分结果

2018 级生物制药技术专业的实习生陈紫阳等,在实习期间工作认真努力、表现优异,被实习单位南京擎科生物科技有限公司授予"优秀实习生"的荣誉,如图 6-4 所示。

图 6-4 关于"优秀实习生"的感谢信

第七章　总结与展望

一、总　结

　　课程思政的建设是一项长期的、系统的工程,需要与时俱进,不断更新,不断补充。本人系统学习了国家对高职高专院校课程思政方面的相关文件,并对国内相关高职院校和相关企业进行了调研,深刻地认识到高职院校的教育工作者需要重新、客观地认识职业院校的学生特点:保底招生,高职教学过程就需要根据学生特点进行改革,实施与之匹配的保底教学、保底评价,这样才能真正地激发学生的学习兴趣,提高教学质量,落实"立德树人"。

　　本书前面六个章节主要包括如下内容:

　　第一章　高职"生物制药设备"课程思政的研究现状。本章主要介绍了目前高校专业课程的课程思政的研究动态,课程思政核心概念的界定,"生物制药设备"课程思政的建设现状,得出结论:"生物制药设备"课程思政的研究基础薄弱,需要大力推进,这样才能在专业课程中落实"立德树人"的根本任务。

　　第二章　高职"生物制药设备"课程思政的调查研究。本章主要介绍了采用问卷调查法进行调查研究,首先由课题组编制调查问卷,然后对生物制药企业的从业人员、生物制药技术专业的在校生分别进行调查,以了解企业对人才的需求情况、学生对课程思政的认知情况,为后续梳理课程中每个项目的思政元素提供基础和依据。

　　第三章　"生物制药设备"的思政元素的挖掘。本章主要介绍了对"生物制药设备"十四个项目内容进行逐项梳理,深入挖掘出每个项目中蕴含的思政元素,包括理论内容的课程思政元素和实训内容的课程思政元素两部分,在教学中通过适当引入一些国家的成就、榜样的力量、行业的发展史、企业生产过程中成功的案例和失败的案例等内容,将爱国主义、"四个自信"、质量意识、科学创新、爱岗敬业、团结协作、安全生产、节能环保、工程伦理等思政元素有机融入专业课程中。同时,将《中国共产党简史》《改革开放简史》《中华人民共和国简史》《社会主义发展简史》的内容也适当融入专业课程的教学过程中。

第四章　融入课程思政的教学方法。本章主要介绍了将课程思政内容融入专业教学过程的教学方法。为适应"互联网＋职业教育"新要求,在教学中将思政融入的切口利用信息技术与教学有机融合,结合"生物制药设备"课程实际,探索出的教学方法主要有:(1)理实一体、分组讨论法;(2)翻转课堂、案例教学法;(3)提问导入、问题教学法;(4)虚拟仿真、理实一体法;(5)线上线下、混合教学法;(6)对比分析、重点回顾法。

第五章　融入课程思政的课程标准、考核评价体系。本章主要介绍了制订融入课程思政的课程标准、考核评价体系。原课程标准中对课程内容的要求分别是:知识要求、技能要求、素质要求三方面,现在通过挖掘课程的思政资源,要增设思政目标,设置成知识要求、技能要求、素质要求、思政要求的四维人才培养目标。在原有的考核评价体系中,没有体现思政内容,在课程思政学业评价体系中,应该将思政教育纳入专业课程考核,强化过程评价,探索增值评价,健全综合评价,创新评价工具,利用人工智能、大数据等现代信息技术,开展教与学行为分析,提升评价的可行性、客观性,使教学评价能有效落地。

第六章　课程思政实施的效果调查。在融入课程思政的教学运行两学期后,课程组针对课程思政教学改革实施的效果设计了问卷调查,调查对象为山西药科职业学院生物制药技术专业的同学,以了解学生对于"生物制药设备"进行课程思政教学改革的接受程度、认可程度。

在写作过程中,笔者有如下几点心得。

(一)树立课程思政教学观念

职业院校教师教学任务较重,还要参与学生管理,抽身进行科研,因而,钻研课程思政自觉性不强,认为"学生思政教育是思想政治理论课教师和辅导员的职责,专业课只负责教学生知识与技能"。"生物制药设备"的任课教师都是理工科出身,在以往的教学中大多以专业知识的传授为主,很少涉及思政教育。在"大思政格局"指导思想的要求下,"各门课程都有育人功能,所有教师都负有育人职责",所以,每位专业教师都要转变观念,充分认识到做好思政教育工作是每一位教师的神圣使命、光荣职责,树立专业教师"同向同行、协同育人"的意识,深度挖掘理工科课程中所蕴含的思政元素,将思政内容与专业内容在教学中有机结合,在专业课程中落实"立德树人"的根本任务。

(二)提高教师思政教育能力

专业教师是实施课程思政的主体,但长期以来,专业教师侧重于专业知识的讲授,对于课程思政,由于缺乏思政教育的经验,总感觉有心无力,无处下手,既找不出课程中的思政元素,又很难让思政内容与专业内容有机融合。为此,课程组成立了包括专业教师和思政教师的教师团队,通过学习,要让专业教师系统掌握思政理论知识,提高思政教育能力,同时,思政教师提供思路,协助专业教师探讨、发掘思政元素,以学生易于接受的形式表达出来,既要有深度,又要接地气。

专业教师的思政教育能力直接决定了思政教育的效果。专业教师虽然专业背景相近,但是各自的成长背景不同,生活经历不同,思想观念不同,因此,可以从不同的角度、侧重点搜集思政元素。在此基础上,专业教师要加强政治理论学习,提升政治素质,增强思政育人的能力。经过团队成员的共同努力,各抒己见,集思广益,将挖掘出的思政内容用多样化的教学方法落实到专业课程中。

(三)思政元素的设计原则

课程组在挖掘思政元素时,采取了"1 对 N"的设计原则,即每"1"条知识技能点,尽量对应挖掘出"N"条思政元素。因为每个人的成长背景不同,思想观念有较大的差异,对事件的感悟不同,对生活的体验不同,对同一个内容,教师的理解侧重点不同,学生思考后的反应也不同。所以,要充分尊重教师、学生个体的差异,不同的教师在不同的班级讲同一个知识点,根据不同的课堂反馈,思政内容融入的"点"和"度"可能有所不同。即使同一个教师讲同一个知识点,但在不同的班级,可能班级整体的反馈也不一样,这就需要教师把握时机、因势利导、灵活机动、顺势而为,不同的情况自然而然地融入不同的思政内容,才能达到润物无声的立德树人的效果。

(四)课程思政建设的三个度

课程思政建设时要把握好三个度:高度、深度、热度。"高度":课程思政的建设要有一定的战略高度,要在中华民族伟大复兴、我国生物医药产业的迅猛发展、山西省经济转型跨越发展的背景下看待专业建设、课程教学,要树立宏大视野,不能局限于专业或课程本身。"深度":专业要对接产业,专业课程中的思政元素一定要体现出产业的要求,生物制药类的课程一定要体现出爱岗敬业、精益求精、质量意识、安全伦理、降本增效、节能减排等思政内容。"热度":思政内容要贴近生活,接地气。比如让同学们以自己接种的新冠疫苗为例,广泛查阅资料,了解疫苗的生产工艺,在生产过程中用到了哪些设备(尤其是课程中讲到的设备),为了保证产品质量,就需要操作人员在工作中严谨认真、精益求精、遵守SOP、团队协作等。从新冠疫情暴发,到现在全民接种疫苗,再到特效药的研发,我国的医药科研创新实力已经是世界领先水平,我国在疫情防控中取得的巨大成就绝无仅有,独一无二。由一支疫苗出发,从"热度",到"深度",再到"高度",不生硬,不突兀,自然而然,水到渠成,如盐入水,立德树人。

(五)客观认识高职学生特点

目前,高职院校的生源多样化,有高考录取,有对口升学,还有单独招生,学生主要是"00后"。他们普遍文化基础薄弱,不喜欢传统教学,有很强的自我意识,在吃苦耐劳、团队协作、积极进取等方面表现较差。而且,高校阶段正是青少年学生思想政治价值观念形成的关键时期,随着全球化与信息化的日益深入,智能手机的普及,多元化社会思潮涌入中国,西方思想与思想尚未成熟的青少年的思想相互碰撞,使青少年的思想观念受到了强烈的冲击。高职学生思维活跃,对时事热点、焦点事件、热点话题的关注较多,但由于政治理论知识的欠缺,导致他们难以做到"透过现象看本质",不能对这些事件进行全面、客观、正确的分析,因而容易受到误导,陷入误区。因此,加强高职学生的思政教育工作刻不容缓;尤其是在"生物制药设备"这种内容晦涩难懂的专业课程中,通过结合具体的实例进行思政教育,有可能提高学生的学习积极性,提升专业课程的吸引力。

现阶段,高职教师要重新、客观地认识职业院校的学生特点:保底招生。编者在整理 2012—2019 级生物制药技术专业的实训报告(见附录 7)的过程中,感受尤其深刻、明显。总体来说,实训报告的质量明显下降。2012—2015 级实训报告的整体质量较好,字体书写工整、秀气,作图规范、漂亮,图的内容比较完整,而且作图风格各异,各有千秋。从 2016 级开始,下滑明显:图的多样性已经不太明显,图上的标注已经大幅减少(减少约一半),图上的错误明显比之前的多了。2017—2018 级,由于特殊原因,受到客观条件的影响,没有开展实训,出现了断层。2019 级实训报告出现断崖式下跌:(1)实训报告的格式不完整,而且图没有图题;(2)画图千篇一律,像一个模子刻出来的"整容脸",批阅这些报告如同患了"脸盲症";(3)不管是"图",还是"字",风格都是豪放不羁,放飞自我,不受控制,尤其是"图",接近"纯手工"图,看起来像抽象派作品;(4)错误很多:不仅是图上偷工减料,错误很多,文字中错误也很多,有很多同学将"pH=6.86 的磷酸缓冲液"写成"pH=6.86 的氯化钾溶液";(5)出现的错误从一而终:第一次报告中出现的错误,教师课堂上点评、纠正后,后面几次的报告中同样的错误一再出现,从不修改,仿佛教师从未提起过。

在教学过程中,任课教师也有这样的困惑:为什么教学条件越来越好,但是教学效果越来越差,传统的教学、考试越来越艰难?

在 2016 级之前,都是在旧实训车间开展教学。旧车间由于地理位置的原因,终年不见阳光,车间阴暗潮湿,开展实训一般都在冬天的学期,车间保温性较差,虽然供暖,但是温度不高,连续四节课上下来,确实很冷,而且那时智能手机还不普及,手机功能比较落后,学生在那样艰苦的条件下,认真学习,认真做笔记,有些图相当漂亮,惊为天人,令人拍案叫绝。如图 7-1、图 7-2 所示。

从 2019 级开始,正式启用新实训车间开展教学。新车间温暖明亮,四季如春,现在的手机都是智能手机,功能强大,但是学生很少再用纸笔来记笔记,都是用手机拍照,录视频。新旧车间的对比如图 7-3～图 7-7所示。

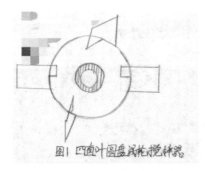

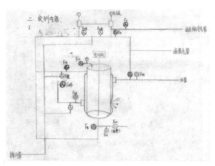

图 7-1　四直叶圆盘涡轮型搅拌器　　　　图 7-2　三大管路图

A旧车间　　　　　　　　　　　　B新车间

图 7-3　实训车间外观

A旧车间　　　　　　　　　　　　B新车间

图 7-4　辅机室

A旧车间   B新车间

图 7-5　发酵车间

A 500 L发酵罐   B 50 L发酵罐   C 5 L发酵罐

图 7-6　旧车间上课情况

A 500 L发酵罐   B 50 L发酵罐   C 5 L发酵罐

图 7-7　新车间上课情况

　　所以，招生在变，变成"保底招生"，高职教学过程就需要根据学生特点进行改革，实施与之匹配的保底教学、保底评价。增值评价是更适合职业教育的评价方法：减少横向对比，侧重纵向对比，评价同一个体在某个学期内各方面的进步幅度。做到以学生为中心，明确评价的内容、标准，评价要及时、公开、透明，以此来落实"三教改革"，推动课堂教学革命,打造优质课堂。同时,也进一步凸显了专业课程进行"课程思政"教学改革的必要性、紧迫性、重要性。

二、展　望

由于时间、精力有限,工作中还有很多不足之处。

(1)问卷制作不够系统和深入,设计的问卷仅仅邀请相关专家进行审核,未能采用更科学的方法来进行信度、效度分析,需要教师继续深入研究,争取设计出更加完整、有效的调查问卷。

(2)调查主要在编者任教的学校进行,受到教学班级的限制,调查范围较小,得到的数据量少,代表性不够;需要继续扩大调查对象的范围,增强数据的有效性、客观性、准确性。

(3)思政元素的挖掘深度有限,需要教师进一步转变观念,提高思政教育能力,不断更新,不断补充。

(4)教学方法还需要加强,进一步灵活运用启发式、探究式、讨论式、参与式、示范式等教学方法,项目教学、案例教学、情境教学、课题引领、合作学习、模块化教学等教学方式,将思政内容有机融入专业教学中。

(5)在构建教学质量评价标准的过程中,虽然编者力求多元、多面,但难免有考虑不周的方面,这有待进一步完善,进一步研究。

(6)对于生物制药技术专业,"1+X"证书这方面的工作力度不够,近两年由于疫情影响,参加的专业技能大赛较少,"岗课赛证"融合度不够,这也是将来需要努力的方向。

参考文献

[1]习近平.把思想政治教育工作贯穿教育教学全过程 开创我国高等教育事业发展新局面[N].人民日报,2016-12-09(1).

[2]习近平.用新时代中国特色社会主义思想铸魂育人贯彻党的教育方针落实立德树人根本任务[N].人民日报,2019-03-19(1).

[3]吴旻,向斌,郑珩,等."生物制药设备"课程的教学改革与探索[J].教育现代化,2020,7(37):62-64.

[4]王占军,辛淑静,刘锦轩,等.新冠疫情下"细胞生物学"课程思政教学研究[J].中国细胞生物学学报,2020,43(2):414.

[5]石焱芳,罗碗妹,施茹玲,等.高职药学专业"无机化学及化学分析"课程思政教学思考[J].海峡药学,2020,32(1):88.

[6]沈群,戴娇娇,张春辉.药事管理与法规课程思政实践[J].中医教育,2020,39(6):59.

[7]高德毅,宗爱东.课程思政:有效发挥课堂育人主渠道作用的必然选择[J].思想理论教育导刊,2017(1):31-34.

[8]牛宇飞.赵少慧,贺玉娇.基于立德树人根本任务的思政课程与课程思政的有机结合[J].西部素质教育,2019(20):36-37.

[9]王秀敏.大学物理实验课程教学中课程思政的实践与探索[J].教育现代化,2019,6(48):203-204.

[10]王婷婷.高职物流管理专业《仓储管理实务》课程思政的探索与实践[J].物流技术,2020,39(12):147-151.

[11]李海云,李霞,海洪,等.《生物分离工程》课程思政教学改革探索与实践[J].教育教学论坛,2019,9(37):168-169.

[12]管同,张大庆.我国青霉素工业初建的困境与成就[J].医学社会史,2021,42(13):68.

[13]《中国共产党简史》编写组,中国共产党简史[M].北京:人民出

版社,中共党史出版社,2021.2.

[14]《改革开放简史》编写组.改革开放简史[M].北京:人民出版社,中国社会科学出版社,2021.8.

[15]《中华人民共和国简史》编写组.中华人民共和国简史[M].北京:人民出版社,当代中国出版社,2021.8.

[16]《社会主义发展简史》编写组.社会主义发展简史[M].北京:学习出版社,人民出版社,2021.8.

[17]李晓娴.全球公共卫生治理视野下的"新冠肺炎疫苗实施计划"[J].南阳理工学院学报,2021,13(3):11-12.

[18]胡颖廉.协同应对未知:国家疫苗产能储备制度构建探析[J].中国行政管理,2020(5):26-31.

[19]张新民.从新冠病毒疫苗研发看我国战略科技力量建设[J].战略与决策研究,2021,36(6):710.

[20]张海龙."发酵工程"课程思政教学改革的探索与实践[J].微生物学通报,2021,48(4):1394-1401.

[21]朱玲.维生素C生产发展趋势[J].中国化工贸易,2016,8(11):47-48.

[22]徐娜,朱国美,孙琍."课程思政"融入五年高职专业课的探索与实践——以"药学微生物"课程为例[J].广东化工,2021,11(48):256.

[23]陈宁,范晓光.我国氨基酸产业现状及发展对策[J].发酵科技通讯,2017,46(4):193-197.

[24]陆宁洲,陆飞浩.新型气升式发酵罐设计探讨[J].发酵科技通讯,2019,48(8):159-163.

[25]方冠宇,穆晓静,蒋予箭.发酵罐结构对浙江玫瑰醋品质的影响[J].食品科学,2020,41(06):184-192.

[26]洪厚胜,赵敏,骆海燕,等.基于风味改善的食醋自吸式半连续酿造工艺优化[J].食品科学,2017,38(02):75-81.

[27]陈建元,吴季良,张君海.自吸式充气连续培养酵母发酵罐[J].食品与发酵工业,1980(2):1-6.

[28]高孔荣,梁汇强.自吸式发酵罐流型与溶氧的研究[J].华南工学院学报,1981(2):28-32.

[29]窦冰然,郭会明,骆海燕,等.自吸式发酵罐用于酵母生产工艺的研究进展[J].中国酿造,2015,34(6):1-4.

[30]冯婷,李海玉,周祁.动物细胞悬浮培养技术在兽用疫苗生产中的应用[J].畜禽业,2020(6):101.

[31]金东日,程宪福.生物反应器动物细胞培养在兽用疫苗领域的应用[J].畜牧兽医科技信息,2020(11):9.

[32]邹东恢,梁敏.生物反应器的选型原则与设备选型及新发展[J].食品工业,2019,40(4):246.

[33]罗宇,屈建航,王付转,等."生物工程设备"的课程思政教学改革探讨[J].科教文汇,2021(23):73-75.

[34]王峰,郭佩超,邹毅.现代生物制药设备的维修与管理分析[J].现代制造技术与装备,2017(3):144.

[35]田亚红,刘辉.基于OBE理念的微生物工程课程思政研究与实践[J].工业技术与职业教育,2021,19(2):70-72.

[36]董丽辉,范三微.《生物制药设备实验》项目化课程教学中学生评价方法的研究[J].科技信息,2014(5):184-185.

[37]徐清华.生物工程设备[M].北京:科学出版社,2010.3.

[38]贾文雅.数据挖掘在高职教学质量评价体系构建中的研究与应用[M].长春:吉林科学技术出版社,2019.10.

[39]胡章胜.高职院校专业课程实施课程思政的路径探索[J].宿州教育学院学报,2020,23(6):52.

[40]张丽莎.陕西高校"课程思政"建设研究[D].西安:西安工业大学,2020.

[41]教育部.高等学校课程思政建设指导纲要[Z].2020-5-28.

[42]教育部等.职业教育提质培优计划(2020-2023)[Z].2020-09-29.

[43]中共中央国务院.深化新时代教育评价改革总体方案[Z].2021-03-25.

[44]山西省工业和信息化厅.山西省生物医药和大健康产业2020年行动计划[Z].2020-06-18.

[45]张新明,张玉红,杨月乔,等."双高计划"背景下微生物学检验践行课程思政探析[J].卫生职业教育,2021,39(4):32-33.

[46]史秀娟,金彩霞,田海滨,等.课程思政在医学生生物化学教学中的探索与实践[J].医学教育研究与实践,2020,28(4):637-639.

[47]何菊,戴彩艳.计算机类专业课程思政教学改革[J].福建电

脑,2021,37(2):158.

[48]陈明,李艳,周根来,等. 混合式教学模式下的课程思政考核评价体系研究——以高职"动物营养与饲料"课程为例[J]. 养殖与饲料,2021,20(11):6-9.

[49]张志俊. 高职院校课程思政建设存在的问题与对策探讨[J]. 黄冈职业技术学院学报,2020,22(6):37.

附　录

附录1 "生物制药设备"课程思政专业课实施情况调查问卷

您好！为了对"生物制药设备"这门课程进行课程思政教学改革，现对在校学生进行问卷调查，以了解学生的认知。本问卷实行匿名制，请您抽出一些宝贵的时间按自己的实际情况填写问卷，所有数据只用于统计分析，题目选项无对错之分。希望您能够积极参与，我们将对您的回答完全保密。谢谢您的配合和支持！

你的性别[单选题]*
○男
○女

你的年级[单选题]*
○大一
○大二
○大三

你的政治面貌[单选题]*
○中共党员
○共青团员
○群众
○其他

课堂上，有关中国的话题、素材等占课堂教学内容的比例大约是[单选题]*
○10%以下

○10%～20%
○20%～30%
○30%～40%
○40%～50%
○50%以上

对于课堂学习中涉及的时政类话题,你的态度是[单选题]＊
○很感兴趣
○比较关心
○不太关心
○不关心

教师在讲授专业知识的同时,是否结合了中国的具体国情、案例?
[单选题]＊
○结合
○少结合
○不确定
○不结合

教师在专业课教学中,除传授专业知识外,还会[多选题]＊
□传播有关党和国家,社会与人民的相关理念
□对学生个人品质的培养做指引
□对职业生涯、人生规划做指导
□其他

课堂教学中,你比较关心的方面是[多选题]＊
□时政话题
□国家文化
□社会生活
□专业相关内容
□未来职业的发展
□其他

专业课的学习,对你个人成长及综合素质培养的影响是[单选题] *
○非常重要
○比较重要
○不清楚
○比较不重要
○完全不重要

你认为什么教育对爱国情怀的培养影响最大[单选题] *
○家庭潜移默化
○课本知识教育
○社会舆论导向
○其他

作为大学生,你感到大学学习的价值是[单选题] *
○学习知识,充实自我,为今后的工作打好基础
○锻炼沟通与人际交往,学会并适应集体生活
○迫于家长或社会竞争的压力,没有别的选择
○仅仅想找一个好的地方静下心来提升自己

除专业知识的习得外,你在专业课上最大的收获是[多选题] *
□A 学会理性地、批判地看问题,特别是中西观点方面
□B 学会做人
□C 坚定政治信仰
□D 增强爱国情怀
□E 增强文化自信
□F 其他

在专业课的教学中,你还觉得在哪些方面应该改进?[多选题] *
□A 教学内容
□B 教学方式
□C 其他

教学内容应该在哪些地方改进？[多选题] *
☐A 多点中国素材
☐B 多点时事热点
☐C 多点课本理论知识
☐D 多点中西比较
☐E 其他

教学方式应该在哪些地方改进？[多选题] *
☐A 多些课堂展示与互动
☐B 多些实践机会
☐C 其他

附录 2　生物药品生产企业从业人员调查表

　　您好！为了对"生物制药设备"这门课程进行课程思政教学改革，现对生物药品生产企业从业人员进行问卷调查，以了解岗位的需求。本问卷实行匿名制，请您抽出一些宝贵的时间按自己的实际情况填写问卷，所有数据只用于统计分析，题目选项无对错之分。希望您能够积极参与，我们将对您的回答完全保密。谢谢您的配合和支持。

您的性别[单选题]*
○男
○女

您的年龄[单选题]*
○30 以下
○31～40
○41～50
○50 以上

您的学历[单选题]*
○本科及以上
○大专
○高中/中专
○初中以下

您的职位[单选题]*
○普通员工

○初级管理人员
○中级管理人员
○高级管理人员

下列选项,您认为在工作中比较重要的有[多选题]＊
□爱国主义
□法治意识
□社会责任意识
□爱岗敬业
□团队协作
□工匠精神
□社会主义核心价值观
□药学职业道德
□职业规划
□诚实守信
□辩证思维
□"四个自信"
□科学创新
□独立思考
□成本意识
□大局意识

您认为对于学生来说,与专业技能相关的职业素质教育方面应加强的是哪些?[多选题]＊
□工作态度
□社会责任意识
□个人品质
□交际能力
□工匠精神
□信息获取能力
□团队协作能力
□情绪控制能力
□药学职业道德

您认为对于学生的职业生涯规划关联比较大的因素有哪些？〔多选题〕*

□专业技能

□工作态度

□独立思考

□团队协作

□爱岗敬业

□法治意识

□大局意识

□诚实守信

□辩证思维

□科学创新

附录3 "生物制药设备"课程思政专业课实施情况调查问卷

你的性别 [单选题]

选项	小计	比例	
男	50		41.67%
女	70		58.33%
本题有效填写人次	120		

你的年级 [单选题]

选项	小计	比例	
大一	2		1.67%
大二	54		45%
大三	64		53.33%
本题有效填写人次	120		

你的政治面貌 [单选题]

选项	小计	比例	
中共党员	4		3.33%
共青团员	101		84.17%

续表

选项	小计	比例
群众	12	10%
其他	3	2.5%
本题有效填写人次	120	

课堂上,有关中国的话题、素材等占课堂教学内容的比例大约是
[单选题]

选项	小计	比例
10%以下	10	8.33%
10%~20%	16	13.33%
20%~30%	22	18.33%
30%~40%	21	17.5%
40%~50%	22	18.33%
50%以上	29	24.17%
本题有效填写人次	120	

对于课堂学习中涉及的时政类话题,你的态度是 [单选题]

选项	小计	比例
很感兴趣	46	38.33%
比较关心	65	54.17%
不太关心	6	5%
不关心	3	2.5%
本题有效填写人次	120	

教师在讲授专业知识的同时,是否结合了中国的具体国情、案例?
[单选题]

选项	小计	比例	
结合	97		80.83%
少结合	17		14.17%
不确定	4		3.33%
不结合	2		1.67%
本题有效填写人次	120		

教师在专业课教学中,除传授专业知识外,还会 [多选题]

选项	小计	比例	
传播有关党和国家,社会与人民的相关理念	105		87.5%
对学生个人品质的培养做指引	88		73.33%
对职业生涯、人生规划做指导	83		69.17%
其他	22		18.33%
本题有效填写人次	120		

课堂教学中,你比较关心的方面是 [多选题]

选项	小计	比例	
时政话题	96		80%
国家文化	83		69.17%
社会生活	85		70.83%
专业相关内容	85		70.83%
未来职业的发展	82		68.33%
其他	17		14.17%
本题有效填写人次	120		

专业课的学习,对你个人成长及综合素质培养的影响是 [单选题]

选项	小计	比例
非常重要	73	60.83%
比较重要	40	33.33%
不清楚	2	1.67%
比较不重要	2	1.67%
完全不重要	3	2.5%
本题有效填写人次	120	

你认为什么教育对爱国情怀的培养影响最大 [单选题]

选项	小计	比例
家庭潜移默化	62	51.67%
课本知识教育	34	28.33%
社会舆论导向	15	12.5%
其他	9	7.5%
本题有效填写人次	120	

作为大学生,你感到大学学习的价值是 [单选题]

选项	小计	比例
学习知识,充实自我,为今后的工作打好基础	86	71.67%
锻炼沟通与人际交往,学会并适应集体生活	28	23.33%
迫于家长或社会竞争的压力,没有别的选择	3	2.5%

续表

选项	小计	比例
仅仅想找一个好的地方静下心来提升自己	3	2.5%
本题有效填写人次	120	

除专业知识的习得外,你在专业课上最大的收获是 [多选题]

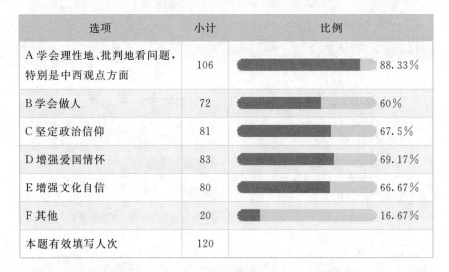

选项	小计	比例
A 学会理性地、批判地看问题,特别是中西观点方面	106	88.33%
B 学会做人	72	60%
C 坚定政治信仰	81	67.5%
D 增强爱国情怀	83	69.17%
E 增强文化自信	80	66.67%
F 其他	20	16.67%
本题有效填写人次	120	

在专业课的教学中,你还觉得在哪些方面应该改进? [多选题]

选项	小计	比例
A 教学内容	89	74.17%
B 教学方式	77	64.17%
C 其他	34	28.33%
本题有效填写人次	120	

教学内容应该在哪些地方改进？　　［多选题］

选项	小计	比例	
A 多点中国素材	94		78.33%
B 多点时事热点	91		75.83%
C 多点课本理论知识	67		55.83%
D 多点中西比较	59		49.17%
E 其他	25		20.83%
本题有效填写人次	120		

教学方式应该在哪些地方改进？　　［多选题］

选项	小计	比例	
A 多些课堂展示与互动	90		75%
B 多些实践机会	84		70%
C 其他	30		25%
本题有效填写人次	120		

附录 4　生物药品生产企业
从业人员调查表

您的性别　[单选题]

选项	小计	比例	
男	1551		80.24%
女	382		19.76%
本题有效填写人次	1933		

您的年龄　[单选题]

选项	小计	比例	
30 以下	355		18.37%
31~40	904		46.77%
41~50	527		27.26%
50 以上	147		7.6%
本题有效填写人次	1933		

您的学历　[单选题]

选项	小计	比例	
本科及以上	274		14.17%
大专	487		25.19%
高中/中专	816		42.21%
初中以下	356		18.42%
本题有效填写人次	1933		

您的职位　[单选题]

选项	小计	比例	
普通员工	1524		78.84%
初级管理人员	343		17.74%
中级管理人员	61		3.16%
高级管理人员	5		0.26%
本题有效填写人次	1933		

下列选项,您认为在工作中比较重要的有　[多选题]

选项	小计	比例	
爱国主义	1220		63.11%
法治意识	1184		61.25%
社会责任意识	1244		64.36%
爱岗敬业	1831		94.72%
团队协作	1771		91.62%
工匠精神	835		43.2%
社会主义核心价值观	855		44.23%
药学职业道德	1135		58.72%
职业规划	863		44.65%
诚实守信	1480		76.56%
辩证思维	352		18.21%
"四个自信"	328		16.97%
科学创新	740		38.28%
独立思考	736		38.08%
成本意识	644		33.32%
大局意识	1004		51.94%
本题有效填写人次	1933		

您认为对于学生来说，与专业技能相关的职业素质教育方面应加强的是哪些？ ［多选题］

选项	小计	比例
工作态度	1743	90.17%
社会责任意识	1173	60.68%
个人品质	1601	82.82%
交际能力	1097	56.75%
工匠精神	640	33.11%
信息获取能力	581	30.06%
团队协作能力	1579	81.69%
情绪控制能力	972	50.28%
药学职业道德	817	42.27%
本题有效填写人次	1933	

您认为对于学生的职业生涯规划关联比较大的因素有哪些？ ［多选题］

选项	小计	比例
专业技能	1644	85.05%
工作态度	1655	85.62%
独立思考	1148	59.39%
团队协作	1548	80.08%
爱岗敬业	1565	80.96%
法治意识	798	41.28%
大局意识	1025	53.03%
诚实守信	1078	55.77%
辩证思维	378	19.56%
科学创新	791	40.92%
本题有效填写人次	1933	

附录5 CUJS-50B-1 型自动机械搅拌发酵罐的操作规程

一、主要结构

CUJS 系列发酵系统由发酵罐、空气处理系统、蒸汽净化系统、电气控制系统、恒温系统及管道、阀门等组成。

二、工作原理

利用高压蒸汽灭菌。

三、操作规程

(一)准备工作

(1)检查本系统各单件设备,应确保各设备能正常运行时方可开机。

(2)开启辅助设备:打开蒸汽发生器的电源开关(检查排水阀应关闭),打开主机电源开关,调节减压阀压力为 0.2 MPa,设定好参数,校正好 pH 电极、DO 电极,打开空气压缩机开关,检查空气贮罐下部放气阀(应关闭)。

(3)设备的气密性检查:用肥皂水涂抹管件的接口处,看是否有气泡。若有将接口拧紧和密封。

(4)排尽冷却水和排污:微开过滤器排污阀(排气,排冷凝水)、取样口和排污阀(排气,排冷凝水)。检查夹层进、出水阀和空气进气阀,都应关闭。

(二)空气过滤器及空气管路的灭菌

(1)开蒸汽总阀,开 F3—F12 右、F12 左(排尽冷凝水后,调为微开)—F 黑—F13—F14,调节过滤器压力在 0.14～0.17 MPa 之间,维持 30 min,到时间后,反向关闭:F13—F 黑—F12 左、F12 右—F3。

(2)吹干过滤器,开 F11—F12 右、F12 左—F 黑—F13,吹干约 20 min。关闭 F13—F 黑—F12 左、F12 右。

(三)空 消

(1)排尽冷却水:开 F33—F34—F 排气,排尽后关闭 F 排气,F34。

(2)检查 F13 应关闭,打开 F14。

(3)进入蒸汽:开 F4—F22(排尽水后为微开),开 F21 进气。

(4)温度升高维持压力 0.11～0.12 MPa,30～40 min。

(5)时间达到后,关闭 F21—F22—F4。

(6)间歇开 F13,维持罐压 0.03～0.05 MPa。

(7)冷却:开 F34 关闭 F33,开 F31 手动,到温度渐渐降到适当温度。

(8)排尽冷却水:关 F31 手动,开 F33—F34—F 排气,排尽后关闭 F 排气,F34。

(9)排冷凝水:开 F22—F21,排完后反向关闭 F21—F22。

(四)加培养基

(1)按照工艺要求配制培养基。

(2)减小罐压:拧小 F13,微开 F14。

(3)安装事先校正好的 pH 电极、DO 电极。

(4)打开罐盖上的加料口,加入培养基至其罐体持液量的 75%～

85％。拧紧加料口螺母。

(五)实　消

(1)夹套预热:关闭 F 排气、F34,开 F2、F33,手动开搅拌(转速约为 150 r/min),当温度达到 80℃左右时,关闭搅拌,关 F2、F13。

(2)通入蒸汽加热:打开 F4、F22,排尽冷凝水,关闭 F22,开 F21。待蒸汽进入主罐后使其继续升温。

(3)控制罐压 0.11～0.12 MPa,30 min。到时间后,关闭 F21、F4,间歇开 F13,维持罐压 0.03～0.05 MPa。

(4)冷却:通入冷却水(开 F34,关闭 F33,开 F31 手动),待温度下降到 100℃以下时,手动开搅拌(转速约为 150 r/min)。当温度降到适当温度时,关闭 F31 手动,开 F31 自动,开机打到自动运行程序,开加热冷却自动挡。

(六)接　种

(1)准备合格的摇床菌种。

(2)安装事先已经灭菌的补料瓶,待 pH 稳定后关闭搅拌。

(3)接种:注意在加入时,需 2 人配合且无菌操作。1 人在加料口点燃酒精火焰,调节 F13、F14,减小罐压至 0.01 MPa 以下,同时拧下接种口的螺母,把螺母浸入 70％的酒精溶液中。另一人在火焰上进行无菌操作接种(在火焰下拔下瓶塞,并将接种瓶的瓶口在火焰上烧一会儿,迅速将菌种倒入发酵罐内,瓶口再次过火焰,加塞)。盖上接种口螺母,灭火焰,拧紧螺母,用酒精棉球将接种口擦洗干净。

(七)培　养

(1)按照工艺要求调整通气量(调节 F13),调整罐压为 0.03～0.05 MPa。开自动搅拌。

(2)校正 DO 的第二点:满度校正。

(3)操作运行时要先关机再开机运行,以便刷新数据。

(八)取　样

(1)按照工艺所需定时取样检测。

(2)取样:开 F4—F22,蒸汽消毒 30 min,关 F22—F4,开 F22 泄蒸汽压,开 F21,先流出的样品不接(因温度太高,菌种被烧死),用无菌试管接样品。取样完毕,关闭 F21—F22,再开 F4—F22,蒸汽消毒 30 min,关 F22—F4。

(九)出　料

(1)出料管的灭菌:开 F4—F22,蒸汽消毒 30 min,关 F22—F4。

(2)出料:开 F22—F21,出料完毕,关闭 F21—F22。再蒸汽消毒出料管(开 F4—F22,蒸汽消毒 30 min,关 F22—F4)。

(3)卸压至 0 MPa(开 F14,关 F13),停止搅拌或者按下复位键。

(十)发酵罐的清洗

(1)清洗:从进料口加水,清洗两遍(开搅拌约 400~500 r/min,并且通入压缩空气,开 F13)。必要时可加清洗剂或碱,切忌加酸。清洗完毕后,关闭 F13 和搅拌,开 F22、F21,待排水后关闭 F21、F22。

(2)拔出电极清洗保存:放掉夹层水、水箱水、关闭蒸汽发生器的电源开关,放掉蒸汽发生器的水,调节减压阀压力为 0 MPa,关闭主机,关空气压缩机开关,放掉空气贮罐气体,关闭除 F14 和 F33 以外的所有阀门,关电源开关和总闸。

附:使用的注意事项

(一)电极的保养

1. pH 电极
(1)使用前需要先通电稳定 2~3 h。

(2)校正:分别在 pH=4.00 和 pH=6.86 的磷酸缓冲液当中校正

电极。

（3）使用时要垂直装入护套。

（4）保存在饱和的 KCl 溶液当中。

2. DO 电极

（1）使用前需要先通电稳定 4～6 h。

（2）校正：先在饱和的亚硫酸氢钠溶液当中校正零点，再在接种后校正满度点。

（3）室温保存。

（二）注意事项

（1）必须确保所有单件设备能够正常运行时再使用本系统。

（2）在过滤器消毒时，流经空气过滤器（金属滤芯）的蒸汽压力不得超过 0.17 MPa，否则过滤器滤芯会被损坏，失去过滤能力。

（3）在操作中，罐压不得超过 0.12 MPa，防止引起设备的损坏。

（4）注意：在空、实消升温过程中冷却按钮必须处于静止状态，否则，当设定值设定在培养温度时，冷却水管中会自动通冷却水，不仅影响升温速度、浪费蒸汽，更重要的是会引起冷凝水过多，造成培养液的浪费。

（5）在空、实消结束后冷却，发酵罐内严禁产生负压以免损坏设备或造成污染。

（6）在发酵过程中，罐压应维持在 0.03～0.05 MPa，以免引起污染。

（7）在各操作过程中，必须保持空气管道中的压力大于发酵罐的罐压，否则会引起发酵罐中的液体流到过滤器中，堵塞过滤器滤芯或使其失去过滤能力。

附录6 "生物制药设备"实训指导书

主编　　<u>李平</u>

参编　　<u>阎君</u>

制药工程系

编写说明

　　《生物制药设备实训指导书》是为了帮助学生掌握生物制药的实用技术,提高学生的专业实践技能而编写的。内容包括 4 个实训项目,使学生掌握发酵的基本技术,培养学生分析解决发酵过程中的实际问题的能力,为今后的发酵工作打下基础。在编写过程中,坚持理论联系实际的原则,力求体现以职业能力培养为根本的高等职业技术教育的特色,突出实用性、技术性和先进性。

　　本书适用于生物制药专业五年制、三年制学生。其中,生物制药专业的实训项目包括上述 4 个项目,实训课时 20 个。本指导书由李平任主编,负责编写实训二至实训四。阎君任副主编,负责编写实训一。

编者

2012.12

"生物制药设备"实训须知

实训是一门课程不可缺少的一个重要环节,它的目的如下。

(1)使课堂上讲授的重要理论和概念得到验证、巩固和充实,并适当地扩大知识面,通过实践不仅能使理论和知识形象化,并且能说明这些理论和规律在应用时的条件、范围和方法,较全面地反映化学现象的复杂性和多样性。

(2)培养学生正确地掌握一定的实训操作技能,有了正确的操作,才能得出准确的数据和结果,而后者又是正确结论的主要依据。

(3)培养学生独立思考和独立分析问题的能力,联系课堂理论知识,仔细地观察和分析实验现象,认真地处理数据并概括现象,从中得出结论。

(4)培养学生严谨的科学作风。科学工作作风是指实事求是作风,忠实于所观察到的客观现象,科学工作习惯是指操作正确,观察细致,安排合理等,这些都是做好实验的必要条件。

项目一　发酵设备及其附件与三大管路系统

一、实验目的

(1)能够说出主要的发酵设备及其附件。

(2)了解发酵设备及其附件的使用注意事项。

二、实验内容(以 500 L 发酵生产为例)

(一)主要的发酵设备

1. 5 L 发酵罐

罐盖(接种口、补料口、碱液入口、消泡剂入口、电机、转子)、钢化玻璃罐体、底座。

2. 50 L 发酵罐

罐盖(接种口、补料口、碱液入口、消泡剂入口、电机、转子)、不锈钢罐体(照明灯、pH 电极、DO 电极)、支架。

3. 500 L 发酵罐

罐盖(接种口、补料口、碱液入口、消泡剂入口、照明灯、电机、转子)、不锈钢罐体(pH 电极、DO 电极)、支架。

(二)主要的辅助设备

1. 智能操作台:可实现生产的自动化

主屏状态、运行方式、参数校正(温度、pH、DO)、参数设定(温度、pH、DO、搅拌、泡沫、流加)。

2. 空气压缩机

(1)检查:关闭放气阀,打开通向空气贮罐的阀门。

(2)检查电动机皮带和空气过滤器。若皮带松动,则调整两轮间距或更换新皮带。若空气过滤器松动,则拧紧螺母,并检查及时更换过滤器的滤芯。

(3)打开电机电源,进行空气压缩。注意操作人员不能站到电机背后。

(4)使用完毕,关闭电机电源。打开放气阀放气。

3. 空气贮罐

检查罐底的放气阀是否关闭,罐顶的安全阀是否正常。在充满气体、压力为 0.8 MPa 左右,充气过程中注意压缩空气产生的水要从放气阀排去。在不使用的情况下,要打开放气阀放气。

4. 空气冷干机

检查设备是否有内压,在有内压的情况下,再插电源开机。该设备的重要作用是除去空气中的水分,并对干燥空气进行冷却。

5. 蒸汽发生器

检查设备内水箱是否有水,打开加水阀门加水。检查蒸汽阀是否正常并打开。检查安全阀是否正常。再开电源进行加热。蒸汽压力为 0.4 MPa 左右。

6. 可加热水箱

检查水箱顶部电线是否连接完好,箱顶的排气阀是否打开。注意水箱严禁干烧。

7. 水泵

检查水泵顶部电线是否连接完好,箱顶的排水阀是否关闭。注意水泵严禁空转。

(三)三大管路系统

1. 空气管路

空压机——空气贮罐——空气冷干机——过滤器——减压装置——控制台

发酵罐内——两级过滤器

2. 蒸汽管路

蒸汽发生器 { 蒸汽进入发酵罐内 / 蒸汽进入空气管路 / 蒸汽进入发酵罐夹层 }

3. 水管路:进入发酵罐夹层

三大管路系统

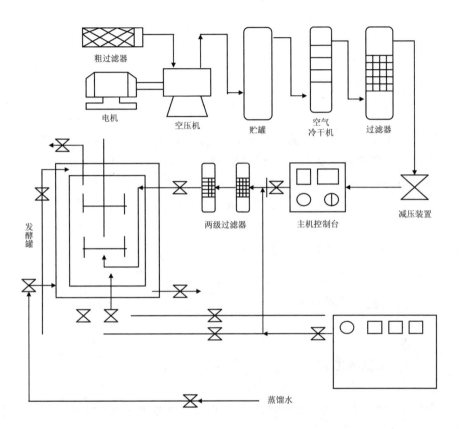

粗过滤器

电机　　　空压机　　贮罐　　空气　　过滤器
　　　　　　　　　　　　　　　冷干机

发酵罐

两级过滤器　　　主机控制台　　　　减压装置

蒸馏水

项目二　CUJS-50B-1 型自动机械搅拌发酵罐空消

一、岗位要求

对于生物制药专业的学生来说,本实训主要适应的岗位是生物制品发酵工和生化药品制造工。无论哪一个工种都有以下要求。

(1)对设备能够熟练操作。

(2)能够在操作中独立地完成对灭菌参数进行调整。

(3)了解微生物发酵时设备灭菌的基本条件和要求。

(4)注意使用中的安全事项。

二、发酵罐的空消

(一)准备工作

(1)检查本系统各单件设备,应确保各设备能正常运行时方可开机。

(2)开启辅助设备。

打开蒸汽发生器的电源开关(检查排水阀应关闭)。打开主机电源开关,调节减压阀压力为 0.2 MPa,设定好参数,校正好 pH 电极、DO 电极,打开空气压缩机电源开关,检查空气贮罐下部放气阀(应关闭)。打开空气冷干机电源开关。

(3)设备的气密性检查。

用肥皂水涂抹管件的接口处,看是否有气泡。若有将接口进行拧紧和密封。

(4)排尽冷却水和排污:微开过滤器排污阀(排气,排冷凝水)。取样口和排污阀(排气,排冷凝水)。检查夹层进、出水阀和空气进气阀,都应关闭。

(二)空气过滤器及空气管路的消毒

(1)开蒸汽总阀,开 F3—F12 右、F12 左(排尽冷凝水后,调为微开)—F 黑—F13—F14,调节过滤器压力在 0.14~0.17 MPa 之间,维持 30 min,到时间后,反向关闭:F13—F 黑—F12 左、F12 右—F3。

(2)吹干过滤器,开 F11—F12 右、F12 左—F 黑—F13,吹干约 20 min。关闭 F13—F 黑—F12 左、F12 右。

(三)空 消

(1)排尽冷却水:开 F33—F34—F 排气,排尽后关闭 F 排气、F34。

(2)检查 F13 应关闭,打开 F14。

(3)进入蒸汽:开 F4—F22(排尽水后为微开),开 F21 进气。

(4)温度升高维持压力 0.11~0.12 MPa,30~40 min。

(5)时间达到后,关闭 F21—F22—F4。

(6)间歇开 F13,维持罐压 0.03~0.05 MPa。

(7)冷却:开 F34,关闭 F33,开 F31 手动,到温度渐渐降到适当温度。

(8)排尽冷却水:关 F31 手动,开 F33—F34—F 排气,排尽后关闭 F 排气、F34。

(9)排冷凝水:开 F22—F21,排完后反向关闭 F21—F22。

(四)注意事项

(1)必须确保所有单件设备能够正常运行时再使用本系统。

(2)在过滤器消毒时,流经空气过滤器(金属滤芯)的蒸汽压力不得超过 0.2 MPa,否则过滤器滤芯会被损坏,失去过滤能力。

(3)在操作中,罐压不得超过 0.12 MPa,防止引起设备的损坏。

(4)注意:在空消升温过程中冷却按钮必须处于静止状态,否则当设定值设定在培养温度时,冷却水管中会自动通冷却水,不仅影响升温速度、浪费蒸汽,更重要的是会引起冷凝水过多。

(5)在空消结束后冷却,发酵罐内严禁产生负压以免损坏设备或造成污染。

(6)在各操作过程中,必须保持空气管道中的压力大于发酵罐的罐压,否则会引起发酵罐中的液体流到过滤器中,堵塞过滤器滤芯或使其失去过滤能力。

(五)清场、记录

三、实训思考

(1)在操作中的注意事项。
(2)修改并完善黑板上的实训内容。

项目三　CUJS-50B-1 型自动机械搅拌发酵罐

实　消

一、岗位要求

对于生物制药专业的学生来说,本实训主要适应的岗位是生物制品发酵工和生化药品制造工。无论哪一个工种都有以下要求。

(1)对设备能够熟练操作。

(2)能够在操作中独立地完成对灭菌参数进行调整。

(3)了解微生物发酵时设备灭菌的基本条件和要求。

(4)注意使用中的安全事项。

二、发酵罐的实消

(一)加培养基

(1)按照工艺要求配制培养基。

(2)减小罐压:拧小 F13,微开 F14。

(4)安装事先校正好的 pH 电极、DO 电极。

(4)打开罐盖上的加料口,加入培养基至其罐体持液量的 75%～85%。拧紧加料口螺母。

(二)实　消

(1)夹套预热:关闭 F 排气、F34,开 F2、F33,手动开搅拌(转速约为 150 r/min),当温度达到 80℃左右时,关闭搅拌,关 F2、F13。

(2)通入蒸汽加热:打开 F22、F4,排尽冷凝水,关闭 F22,开 F21。待蒸汽进入主罐后使其继续升温。

(3)控制罐压 0.11~0.12 MPa,30 min。到时间后,关闭 F21、F4,间歇开 F13,维持罐压 0.03~0.05 MPa。

(4)冷却:通入冷却水(开 F34,关闭 F33,开 F31 手动),待温度下降到 100℃以下时,手动开搅拌(转速约为 150 r/min)。当温度降到适当温度时,关闭 F31 手动,开 F31 自动,开机打到自动运行程序,开加热冷却自动挡。

(三)接　种

(1)准备合格的摇床菌种。

(2)安装事先已经灭菌消毒的补料瓶,待 pH 稳定后关闭搅拌。

(3)接种:注意在加入时,需 2 人配合且无菌操作。1 人在加料口点燃酒精火焰,调节 F13、F14,减小罐压至 0.01 MPa 以下,同时拧下接种口的螺母,把螺母浸入 70%的酒精溶液中。另一人在火焰上进行无菌操作接种(将接种瓶的瓶口在火焰上烧一会儿,并在火焰下拔下瓶塞,迅速将菌种倒入发酵罐内,瓶口再次过火焰,加塞)。盖上接种口螺母,灭火焰,拧紧螺母,用酒精棉球将接种口擦洗干净。

(四)培　养

(1)按照工艺要求调整通气量(调节 F13),调整罐压为 0.03~0.05 MPa。开自动搅拌。

(2)校正 DO 的第二点:满度校正。

(3)操作运行时要先关机再开机运行,以便刷新数据。

(五)注意事项

(1)必须确保所有单件设备能够正常运行时再使用本系统。

(2)在过滤器通蒸汽时,流经空气过滤器(金属滤芯)的蒸汽压力不得超过 0.2 MPa,否则过滤器滤芯会被损坏,失去过滤能力。

(3)在操作中,罐压不得超过 0.12 MPa,防止引起设备的损坏。

(4)注意:在实消升温过程中冷却按钮必须处于静止状态,否则当设定值设定在培养温度时,冷却水管中会自动通冷却水,不仅影响升温速度、浪费蒸汽,更重要的是会引起冷凝水过多。

(5)在实消通蒸汽时,先通罐内的再通夹层的,并保证罐内与夹层的气压相等,保证设备不会变形损坏。

(6)在实消结束时,应当先关闭夹层的蒸汽,再关闭通向罐内的蒸汽。

(7)在实消结束关闭蒸汽阀门后应换成向罐内通空气,然后再冷却,这时发酵罐内不会产生负压,以免损坏设备或造成污染。

(8)在各操作过程中,必须保持空气管道中的压力大于发酵罐的罐压,否则会引起发酵罐中的液体流到过滤器中,堵塞过滤器滤芯或使其失去过滤能力。

(六)清场、记录

三、实训思考

(1)在操作中的注意事项。

(2)修改并完善黑板上的实训内容并将每个步骤加以完善。

项目四 CUJS-50B-1 型自动机械搅拌发酵罐

取样、出料等

一、岗位要求

对于生物制药专业的学生来说,本实训主要适应的岗位是生物制品发酵工和生化药品制造工。无论哪一个工种都有以下要求。

(1)对设备能够熟练操作。

(2)能够在操作中独立地完成对灭菌参数进行调整。

(3)了解微生物发酵时设备灭菌的基本条件和要求。

(4)注意使用中的安全事项。

二、操作内容

(一)取 样

(1)按照工艺所需定时取样检测

(2)取样:开 F4—F22,蒸汽消毒 30 min,关 F22—F4,开 F22 泄蒸汽压,开 F21,先流出的样品不接(因温度太高,菌种被烧死),用无菌试管接样品。取样完毕,关闭 F21—F22,再开 F4—F22,蒸汽消毒 30 min,关 F22—F4。

(二)出 料

(1)出料管的灭菌:开 F4—F22,蒸汽消毒 30 min,关 F22—F4。

(2)出料:开 F22—F21,出料完毕,关闭 F21—F22。再蒸汽消毒出料管(开 F4—F22,蒸汽消毒 30 min,关 F22—F4)。

(3)卸压至 0 MPa(开 F14,关 F13),停止搅拌或者按下复位键。

(三)发酵罐的清洗

(1)清洗:从进料口加水,清洗两遍(开搅拌约 $400\sim500$ r/min,并且通入压缩空气,开 F13)。必要时可加清洗剂或碱,切忌加酸。清洗完毕后,关闭 F13 和搅拌,开 F22、F21,待排水后关闭 F21、F22。

(2)拔出电极清洗保存。

放掉夹层水、水箱水、关闭蒸汽发生器的电源开关,放掉蒸汽发生器的水,调节减压阀压力为 0 MPa,关闭主机,关空气压缩机开关,放掉空气贮罐气体,关闭除 F14 和 F33 以外的所有阀门,关电源开关和总闸。

(四)电极的校正、保养

1.pH 电极
(1)使用前需要先通电稳定 $2\sim3$ h。
(2)校正:分别在 pH＝4.00 和 pH＝6.86 的磷酸缓冲液当中校正电极。
(3)使用时要垂直装入护套。
(4)保存在饱和的 KCl 溶液当中。
2.DO 电极
(1)使用前需要先通电稳定 $4\sim6$ h。
(2)校正:先在饱和的亚硫酸氢钠溶液当中校正零点,再在接种后校正满度点。
(3)室温保存。

三、实训思考

(1)在操作中的注意事项。
(2)修改并完善黑板上的实训内容并将每个步骤加以完善。

附录7 生物制药技术专业"生物制药设备"实训报告节选

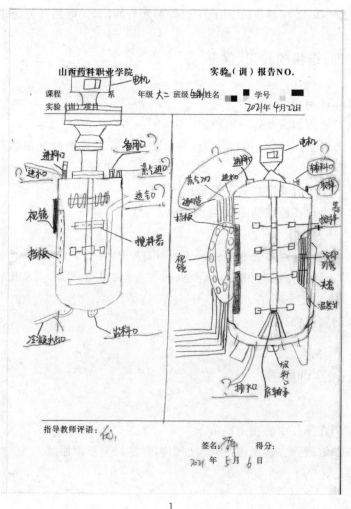

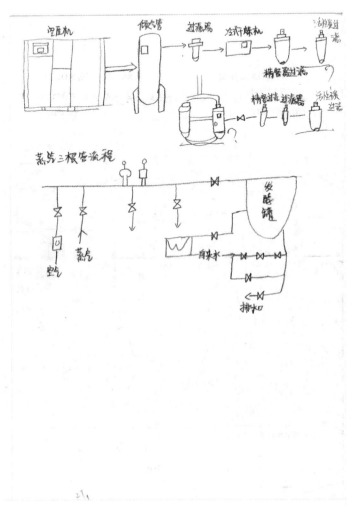

2

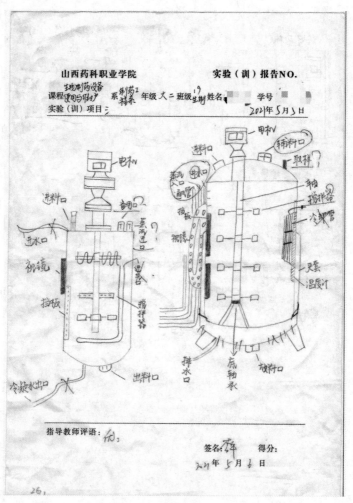

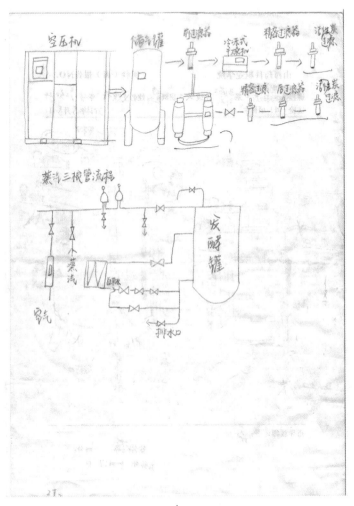

4

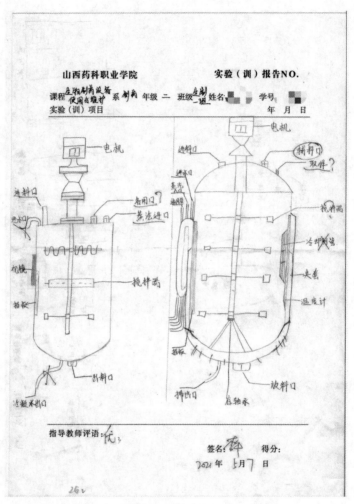

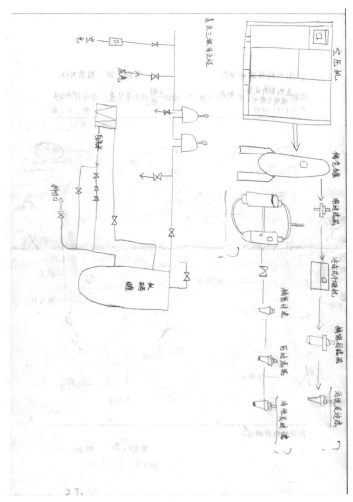

6

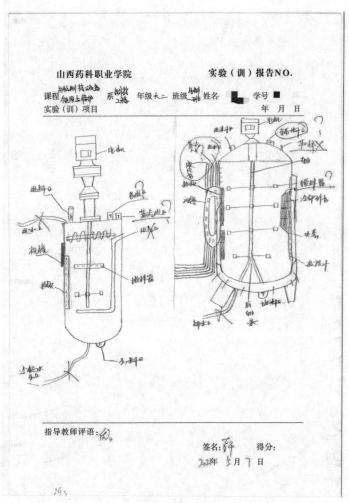

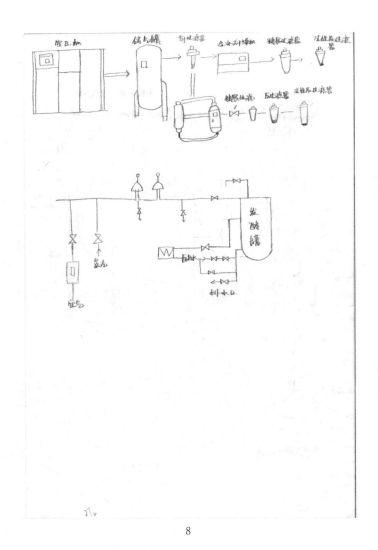

8

附图7-1　2019级生物制药技术班实训报告(优)

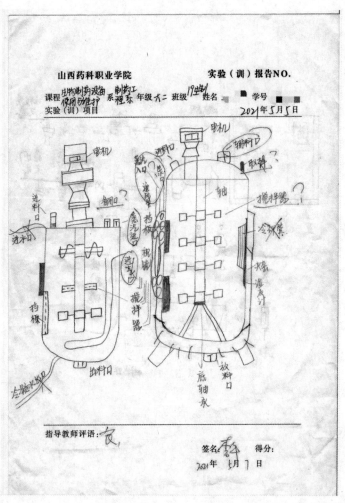

1

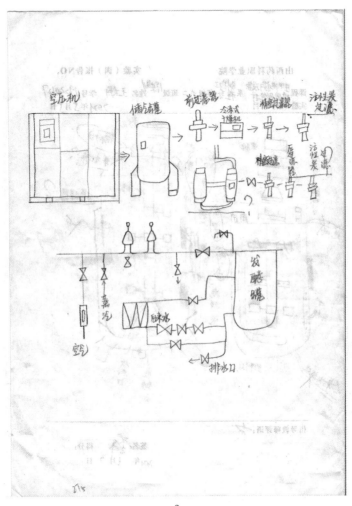

2

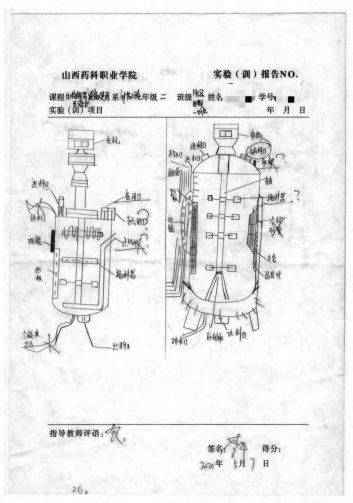

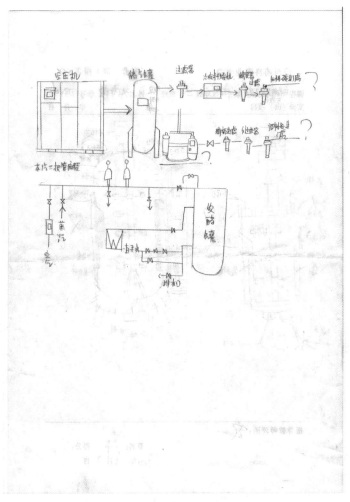

4

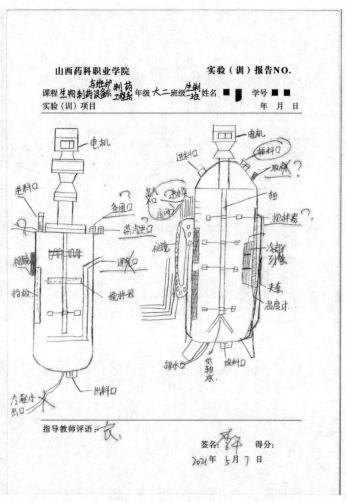

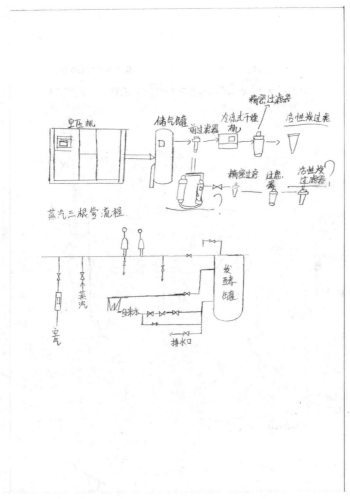

6

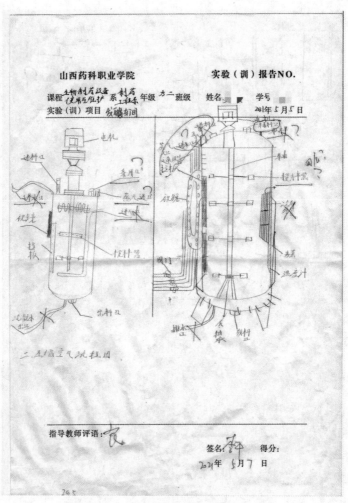

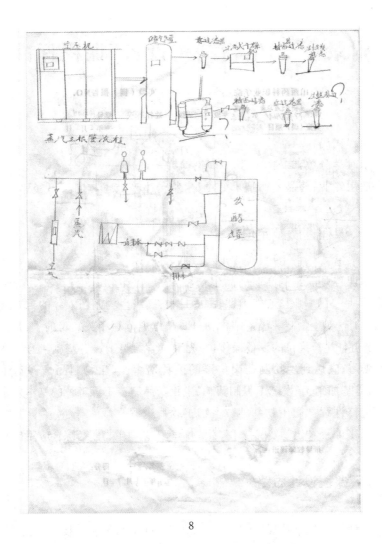

8

附图 7-2 2019 级生物制药技术班实训报告(良)

附录8 "生物制药设备"课程标准

课程代码:021307
学时学分数:60学时,其中理论:40;实训:20。3学分
适用专业:药品生产技术专业(生物药生产技术方向)

一、课程性质及定位

本课程是三年制高职药品生产技术专业(生物药生产技术方向)的必修课,是一门职业核心能力课程,也是中、高级生物制药人才的重要技术基础。通过对生物制药设备结构、原理、操作规范等相关知识的学习,使学生能够胜任生产岗位的设备操作,并为继续学习打下一定基础。通过本课程的学习,应达到生物制药岗位群的菌种培育工、生物制品培养基生产工、培养基加工工、发酵工程制药工、生化药品制造工等工种的基本要求。
先修课程:"微生物基础""生物工程概论"
同步课程:"生物发酵技术""生物制药工艺""生物制药综合应用技术"

二、课程设计思路

本课程标准是依照"药品生产技术专业(生物药生产技术方向)人才培养方案"和"国家职业技能标准"的知识、能力的要求,以本专业所对应的岗位群为导向,以职业能力培养和基本素养培养为重点,选取教学内容,为学生可持续发展奠定良好的基础。

按照生物药生产技术人员的知识、技能、素养要求,依据发酵生产中用到的设备,来安排学习项目,使学生掌握灭菌和过滤设备、公用设备、原料药生产设备、分离纯化设备的原理和类型。总课时60,理论40,实训20,突出

实训教学,强化学生实践动手能力。本门课程采用终结性评价和阶段性评价相结合的方式,学生总成绩=出勤考核(10%)+阶段性评价(40)+终结性评价(50%),实现教学活动、教学内容与职业要求相一致,使学生具有胜任生物制药相应岗位群的任职需求,达到高级生化药品制造工的要求。

三、课程目标

通过对生物制药设备结构、原理、操作规范等相关知识的学习,使学生树立工程观念,促进学生在思想上由学生式思维向技术工人式思维的转变,能够胜任生产岗位的设备操作,并为全面提高素质,增加适应职业岗位和继续学习的能力打下一定基础。

(一)知识目标

通过本课程的学习,学生应掌握生物制药设备的基本知识以及GMP与制药设备的一些相关内容;掌握灭菌和过滤设备、公用设备、原料药生产设备、分离纯化设备的原理和类型。使学生学会正确使用、维护、保养灭菌和过滤设备、公用设备、原料药生产设备、分离纯化设备等各种生物制药设备。

(二)能力目标

(1)认识设备的各部分结构,了解其相应的功能。
(2)具有绘制制药设备图的能力。
(3)具有正确使用和调节生物制药设备、器具并进行维护保养和排除故障的能力。

(三)素质目标

(1)树立辩证唯物主义的世界观和人生观。
(2)具有热爱科学、实事求是的学风,严谨的工作作风和态度,以及创新意识、创新精神。
(3)培养良好的职业道德。

四、课程项目设计

序号	项目（章节）	任务	教学内容	学时	
				理论	实践
1	项目一　绪论	任务1	了解生物反应过程	2	
2	项目二　培养基连续灭菌设备	任务1	培养基连续灭菌的流程	4	
		任务2	培养基连续灭菌流程中的设备	4	
3	项目三　空气净化除菌	任务1	空气介质过滤除菌设备		4
4	项目四　生物反应器的通风与溶氧传质	任务1	生物反应器的通风与溶氧（DO）传质	2	
5	项目五　通风发酵设备	任务1	通用式发酵罐	8	
		任务2	其他类型的发酵罐	4	
		任务3	发酵设备与三大管路		4
		任务4	空消		4
		任务5	实消、接种		4
		任务6	培养、出料、清洗、电极保养		4
6	项目六　动植物细胞培养装置和酶反应器	任务1	动植物细胞培养装置	4	
		任务2	酶反应器	2	
7	项目七　细胞破碎	任务1	细胞破碎	2	
8	项目八　过滤设备	任务1	过滤设备	2	
9	项目九　离心设备	任务1	离心设备	2	
10	项目十　萃取设备	任务1	萃取设备	2	
11	项目十一　离子交换设备	任务1	离子交换设备	2	
合计				40	20

五、课程内容及要求

（详见附表）

项目（章节）	教学内容	知识要求	技能要求	素质要求	教学方法	教学环境
项目一 绪论	了解生物反应过程	1. 了解生物反应器的放大、设计 2. 了解生物反应器的类型		培养职业素养	讲授	多媒体教室
项目二 培养基连续灭菌设备	培养基连续灭菌的流程	1. 说出分批灭菌的定义及其优缺点 2. 比较分批灭菌与连续灭菌的异同点 3. 简述连续灭菌的工艺流程及其优、缺点 4. 简述蒸汽喷射连续灭菌流程及其优、缺点 5. 简述板式换热器连续灭菌流程及其优、缺点		达到理论结合实际的综合运用能力	讲授＋演示	多媒体教室
	培养基连续灭菌流程中的设备	1. 说出常用加热设备的工作原理 2. 说出常用维持设备的工作原理 3. 说出常用冷却设备的工作原理		达到理论结合实际的综合运用能力	讲授＋演示	多媒体教室

续表

项目（章节）	教学内容	知识要求	技能要求	素质要求	教学方法	教学环境
项目三 空气净化除菌	空气介质过滤除菌设备	1. 简述空气介质过滤除菌流程，并图示其中三种 2. 说出压缩空气预处理的设备的工作原理	认识压缩空气预处理的流程、管路及设备	达到理论结合实际的综合运用能力	讲授+讨论+演示	多媒体教室、发酵车间
项目四 生物反应器的通风与溶氧传质	生物反应器的通风与溶氧(DO)传质	1. 说出氧在培养过程中的传递过程 2. 影响气液氧传递速率的因素		达到理论结合实际的综合运用能力	讲授+讨论	多媒体教室
项目五 通风发酵设备	通用式发酵罐	掌握通用式发酵罐的结构、各部分的功能、原理		达到理论结合实际的综合运用能力	讲授+讨论	多媒体教室
	其他类型的发酵罐	掌握其他类型发酵罐的结构、各部分的功能、原理		达到理论结合实际的综合运用能力	讲授+讨论	多媒体教室

续表

项目 (章节)	教学内容	知识要求	技能要求	素质要求	教学方法	教学环境
项目五 通风发酵 设备	发酵设备与 三大管路	认识发酵设备与三大管路	能够指出三大管路的通路，熟练认识发酵罐的各个部分结构	达到理论结合实际的综合运用能力	讲授＋演示	发酵车间
	空消	理解空消的原理及操作	掌握发酵罐进行空消的操作	达到理论结合实际的综合运用能力	讲授＋演示	发酵车间
	实消、 接种	理解实消、接种的原理及操作	掌握发酵罐进行实消、接种的操作	达到理论结合实际的综合运用能力	讲授＋演示	发酵车间
	培养、出料、电极 清洗、保养	掌握参数的检测与调控、电极清洗、保存的方法	熟练进行参数的检测与调控、电极清洗、保存	达到理论结合实际的综合运用能力	讲授＋演示	发酵车间

续表

项目 （章节）	教学内容	知识要求	技能要求	素质要求	教学方法	教学环境
项目六 动植物细胞 培养装置和 酶反应器	动植物细胞 培养装置	掌握动植物细胞培养装置的结构及各部分的功能、原理		查阅资料、 主动分析	讲授＋讨论	多媒体教室
	酶反应器	掌握酶反应器的结构及各部分的功能、原理		查阅资料、 主动分析	讲授＋讨论	多媒体教室
项目七 细胞破碎	细胞破碎	简述常用细胞破碎方法（珠磨法、高压匀浆法、超声破碎法、酶溶法、化学渗透法）的原理、特点及其适用性		查阅资料、 主动分析	讲授＋模拟	多媒体教室
项目八 过滤设备	过滤设备	1. 说出板框式压滤机的工作原理（过滤、洗涤） 2. 说出真空转鼓式过滤机的工作原理	掌握板框式 压滤机的 结构、使用	达到理论结合 实际的综合 运用能力	理实一体化	多媒体教室
项目九 离心设备	离心设备	说出管式高速离心机、碟片式离心机、卧螺离心机的工作原理	掌握管式 高速离心机、 碟片式离心机 的结构、使用	达到理论结合 实际的综合 运用能力	理实一体化	多媒体教室

续表

项目 （章节）	教学内容	知识要求	技能要求	素质要求	教学方法	教学环境
项目十 萃取设备	萃取设备	1. 说出多级错流萃取和多级逆流萃取的特点 2. 常用的萃取设备有哪些，简述结构特点	掌握萃取设备的结构、使用	达到理论结合实际的综合运用能力	理实一体化	多媒体教室
项目十一 离子交换设备	离子交换设备	1. 说出离子交换设备的分类 2. 说出普通离子交换罐、反吸附离子交换罐、混合床交换罐的结构	掌握混床的结构、使用	达到理论结合实际的综合运用能力	理实一体化	多媒体教室，制水车间

六、教学方法设计

本课程采用课堂讲授与实训交叉排课方式,教学中要积极改进教学方法,以学生为主体,按照学生学习的规律和特点,从学生实际出发,充分调动学生的主动性、积极性,激发学生独立思考和创新意识,培养勇于实践的能力。

理论教学中多采用现代化多媒体教学,多采用任务驱动、模拟、示范等教学方式,力主使学生更好地掌握必需够用的理论知识。实训教学主要在校内生产性实训基地——发酵车间中进行,使学生在仿真车间进行实践锻炼,以便于增强学生的应用能力和操作能力。

七、教学考核要求

本门课程采用终结性评价和阶段性评价相结合的方式,以更好地反映学生对所学知识的掌握程度和实际操作能力。

(1)出勤考核(占总成绩的 10%)。每次上课检查学生出勤情况,满勤 100 分,缺一次扣 0.5 分,旷一次扣 10 分,缺勤率达总课时 1/3 时,不得参加期末考试。

(2)阶段性评价(占总成绩的 40%)。包括实训操作情况、实训室清洁卫生情况、实训报告书写情况、实训测试。

阶段性评价与学生的每次实训操作同步进行,采取实际操作和口试相结合的方法,在学生操作时,随机提问,并观察操作情况,每次考核成绩以 8 分计(一般实际操作 4 分、相关理论知识的掌握程度 2 分、实训报告书 2 分)。5 次考核成绩之和即构成该生的随堂考核成绩。

(3)终结性评价(占总成绩的 50%)。终结性评价在该门课程结业时进行,对学生该学期所学的理论知识和技能操作进行全面综合测评,其中,理论知识占 30%,技能测试占 70%。总成绩的 50% 即为终结性评价结果。终结性评价要求命题覆盖面广,试题难度适中,题量适当。理论部分采用口答方式,重点考核学生运用知识和技能的综合能力,允许和鼓励学生发表独到见解。实训部分主要包括对设备的认知程度、实际操作等方面。

八、课程教学团队

本课程教学团队共 5 人。主讲教师具有较高的学历,拥有丰富的、较为完善的专业知识体系,拥有实际的工作经验和相应的技能,能全面了解课程的内容,担任山西省职业技能鉴定考评员,任课教师主要由校内"双师"教师和企业兼职教师组成,体现高等职业教育职业性、实践性的特点。

"生物制药设备"课程考核内容及分值比例一览表

序号	考核项目	考核标准	分值	考核方式
1. 出勤考核	课堂出勤情况、作业完成情况、课堂表现、测试	回答问题准确程度,学习态度与学习效果兼顾	10%	随堂随机考核
2. 阶段性评价	实训出勤情况、实训操作情况、实训室清洁卫生情况、实训报告书写情况、实训测试	每次实训完成情况	40%	分组考核
3. 终结性评价	学生对基本技能的掌握与应用情况	课程标准要求,教学内容	50%	技能考核
学生总成绩=出勤考核(10%)+阶段性评价(40)+终结性评价(50%)				

九、教学资源

本课程的实施要求具有下列资源。

（一）主要教材与教学参考书

《生物工程设备》　　主编　　徐清华　　科学出版社
《制药设备》　　　　主编　　凌沛学　　中国轻工业出版社

（二）网络资源

小木虫、药圈、药家网、丁香园等专业网站。

（三）教学资料

开发案例库、试题库、课件等教学资料，并及时更新，以便学生及时巩固复习，提高自学能力，激发学生的学习兴趣，促进学生对知识的理解和掌握。

（四）实训条件

校内生产性实训基地——生物制药实训中心。

附录9 "生物制药设备"
课程标准(修订版)

课程代码:021307

学时学分数:60学时,其中理论:40;实训:20。3学分

适用专业:药品生产技术专业(生物药生产技术方向)

一、课程性质及定位

本课程是三年制高职药品生产技术专业(生物药生产技术方向)的必修课,是一门职业核心能力课程,也是中、高级生物制药人才的重要技术基础。通过对生物制药设备结构、原理、操作规范等相关知识的学习,使学生能够胜任生产岗位的设备操作,并为继续学习打下一定基础。通过本课程的学习,应达到生物制药岗位群的菌种培育工、生物制品培养基生产工、培养基加工工、发酵工程制药工、生化药品制造工等工种的基本要求。

先修课程:"微生物基础""生物工程概论"。

同步课程:"生物发酵技术""生物制药工艺""生物制药综合应用技术"。

二、课程设计思路

本课程标准是依照"药品生产技术专业(生物药生产技术方向)人才培养方案"和"国家职业技能标准"的知识、能力的要求,以本专业所对应的岗位群为导向,以职业能力培养和基本素养培养为重点,选取教学内容,为学生可持续发展奠定良好的基础。

按照生物药生产技术人员的知识、技能、素养要求,依据发酵生产中用到的设备,来安排学习项目,使学生掌握灭菌和过滤设备、公用设备、原料药生产设备、分离纯化设备的原理和类型。总课时60,理论40,实训

20,突出实训教学,强化学生实践动手能力。本门课程采用终结性评价和过程性评价相结合的方式,学生总成绩＝过程性评价(50％)＋终结性评价(50％),实现教学活动、教学内容与职业要求相一致,使学生具有胜任生物制药相应岗位群的任职需求,达到高级生化药品制造工的要求。

三、课程目标

通过对生物制药设备结构、原理、操作规范等相关知识的学习,使学生树立工程观念,促进学生在思想上由学生式思维向技术工人式思维的转变,能够胜任生产岗位的设备操作,并为全面提高素质,增加适应职业岗位和继续学习的能力打下一定基础。

(一)知识目标

通过本课程的学习,学生应掌握生物制药设备的基本知识以及GMP与制药设备的一些相关内容;掌握灭菌和过滤设备、公用设备、原料药生产设备、分离纯化设备的原理和类型。使学生学会正确使用、维护、保养灭菌和过滤设备、公用设备、原料药生产设备、分离纯化设备等各种生物制药设备。

(二)能力目标

(1)认识设备的各部分结构,了解其相应的功能。

(2)具有绘制制药设备图的能力。

(3)具有正确使用和调节生物制药设备、器具并进行维护保养和排除故障的能力。

(三)素质目标

(1)树立辩证唯物主义的世界观和人生观。

(2)具有热爱科学、实事求是的学风,严谨的工作作风和态度,以及质量意识、科学创新、爱岗敬业、团结协作、安全生产、节能环保等工程伦理意识。

(3)培养良好的职业道德。

四、课程项目设计

序号	项目(章节)	任务	教学内容	学时	
				理论	实践
1	项目一　绪论	任务1	了解生物反应过程	2	
2	项目二　培养基连续灭菌设备	任务1	培养基连续灭菌的流程	4	
		任务2	培养基连续灭菌流程中的设备	4	
3	项目三　空气净化除菌	任务1	空气介质过滤除菌设备		4
4	项目四　生物反应器的通风与溶氧传质	任务1	生物反应器的通风与溶氧(DO)传质	2	
5	项目五　通风发酵设备	任务1	通用式发酵罐	8	
		任务2	其他类型的发酵罐	4	
		任务3	发酵设备与三大管路		4
		任务4	空消		4
		任务5	实消、接种		4
		任务6	培养、出料、清洗、电极保养		4
6	项目六　动植物细胞培养装置和酶反应器	任务1	动植物细胞培养装置	4	
		任务2	酶反应器	2	
7	项目七　细胞破碎	任务1	细胞破碎	2	
8	项目八　过滤设备	任务1	过滤设备	2	
9	项目九　离心设备	任务1	离心设备	2	
10	项目十　萃取设备	任务1	萃取设备	2	
11	项目十一　离子交换设备	任务1	离子交换设备	2	
	合计			40	20

五、课程内容及要求

(详见附表)

项目（章节）	教学内容	知识要求	技能要求	素质要求	思政要求	教学方法	教学环境
项目一 绪论	了解生物反应过程	1. 了解生物反应器的放大、设计 2. 了解生物反应器的类型		1. 学习十九大精神，践行社会主义核心价值观 2. 培养学生爱岗敬业、团队协作的精神	1. 爱国奉献、努力创新 2. 树立四个自信 3. 增强药学专业自信，激发学习动力	讲授 翻转课堂 重点回顾	多媒体教室
项目二 培养基连续灭菌设备	培养基连续灭菌的流程	1. 说出分批灭菌的定义及其优缺点 2. 比较分批灭菌与连续灭菌的异同点 3. 简述连续灭菌的工艺流程及其优、缺点 4. 简述蒸汽喷射连续灭菌流程及其优、缺点 5. 简述板式换热器连续灭菌流程及其优、缺点		1. 无菌意识 2. 达到理论结合实际的综合运用能力	1. 建立起"水资源是国家重要战略资源"的概念，养成节约用水的良好习惯，增强环境保护思维 2. 辩证思维	讲授＋演示 问题教学 对比分析	多媒体教室 机房

续表

项目 (章节)	教学内容	知识要求	技能要求	素质要求	思政要求	教学方法	教学环境
项目二 培养基连续灭菌流程中三种设备	培养基连续灭菌流程中的设备	1. 说出常用加热设备的工作原理 2. 说出常用维持设备的工作原理 3. 说出常用冷却设备的工作原理		1. 加强理论联系实际的意识 2. 严格遵守SOP的工作态度	1. 质量意识 2. 遵守操作规程,培养学生职业道德和社会责任感	讲授+演示 分组讨论	多媒体教室 机房
项目三 空气净化除菌	空气介质过滤除菌设备	1. 简述空气介质过滤除菌流程,并图示其中三种 2. 说出压缩空气预处理的设备的工作原理	认识压缩空气预处理的流程、管路及设备	1. 安全意识 2. 培养科学严谨的工作态度	1. 强化安全伦理思维 2. 要有自我防护思维 3. 强化环保思维	讲授+讨论 理实一体 对比分析	多媒体教室 发酵车间
项目四 生物反应器的通风与溶氧传质	生物反应器的通风与溶氧(DO)传质	1. 说出氧在培养过程中的传递过程 2. 影响气液氧传递速率的因素		1. 培养学生吃苦耐劳的敬业精神和团队协作精神 2. 培养学生安全生产的意识	1. 技术保密思维 2. 辩证思维	讲授+讨论 提问法 重点回顾	多媒体教室 机房

续表

项目（章节）	教学内容	知识要求	技能要求	素质要求	思政要求	教学方法	教学环境
项目五 通风发酵设备	通用式发酵罐	掌握通用式发酵罐的结构、各部分的功能、原理		1. 培养学生努力创新的精神 2. 培养学生良好的职业道德	1. 爱国奉献、努力创新 2. 国际视野 3. 辩证思维 4. 专利的重要性	讲授+讨论 翻转课堂 案例教学 虚拟仿真	多媒体教室 机房
	其他类型的发酵罐	掌握其他类型发酵罐的结构、各部分的功能、原理		1. 培养学生吃苦耐劳，严谨认真的工作态度 2. 加强爱国主义教育，树立正确的三观	1. 文化自豪感与家国情怀 2. 节能环保 3. 成本思维	讲授+讨论 对比分析	多媒体教室
	发酵设备与三大管路	认识发酵设备与三大管路	能够指出三大管路的通路，熟练认识发酵罐的各部分的结构	1. 培养学生严谨认真、团结协作的工作态度 2. 严格遵守SOP的工作态度	1. 树立安全伦理思维 2. 树立"严谨认真、安全生产"的思维	讲授+演示 理实一体 虚拟仿真	发酵车间 机房

续表

项目(章节)	教学内容	知识要求	技能要求	素质要求	思政要求	教学方法	教学环境
项目五 通风发酵设备	空消	理解空消的原理及操作	掌握发酵罐进行空消的操作	1. 培养学生良好的责任心和敬业的工作态度 2. 培养环保思维	1. 爱岗敬业 2. 树立冷却水循环思路	讲授+演示 理实一体 虚拟仿真	发酵车间 机房
	实消、接种	理解实消、接种的原理及操作	掌握发酵罐进行实消、接种的操作	1. 培养工匠精神、创新精神 2. 培养学生团结协作精神	1. 无菌操作意识 2. SOP操作规程 3. 安全生产意识 4. 大局意识 5. 辩证思维	讲授+演示 理实一体 虚拟仿真	发酵车间 机房
	培养、出料、清洗、电极保养	掌握参数的检测与调控、清洗、保存的方法	熟练进行参数的检测与调控、电极清洗、保存	1. 规范操作仪器；培养团结协作精神 2. 严格遵守SOP的工作态度	1. 清洁生产思维 2. 设备保养思维 3. 节能减排思维 4. 辩证思维	讲授+演示 理实一体 虚拟仿真	发酵车间 机房

续表

项目 (章节)	教学内容	知识要求	技能要求	素质要求	思政要求	教学方法	教学 环境
项目六 动植物细胞 培养装置和 酶反应器	动植物细胞 培养装置	掌握常用动植物细胞培养装置的结构、各部分的功能、原理。		1. 培养学生努力创新的精神 2. 具有诚信的职业精神	1. 民族自豪感与家国情怀 2. 降本增效思维	讲授＋讨论 对比分析	多媒体 教室
	酶反应器	掌握酶反应器的结构、各部分的功能、原理		1. 培养学生良好的职业道德和职业素养 2. 具有安全生产的意识	1. 绿色环保意识 2. 保护全球生物多样性	讲授＋讨论 案例教学	多媒体 教室
项目七 细胞破碎	细胞破碎	简述常用细胞破碎方法（珠磨法、高压匀浆法、超声破碎法、酶溶法、化学渗透法）的原理、特点及其适用性		1. 树立医药行业的责任感、使命感 2. 培养学生高度负责的职业精神	1. 注意实验安全、规范操作实验设备 2. 定时体检、关注健康 3. 树立"绿色防腐"的理念	对比分析 案例教学 虚拟仿真	多媒体 教室 机房

续表

项目（章节）	教学内容	知识要求	技能要求	素质要求	思政要求	教学方法	教学环境
项目八 过滤设备	过滤设备	1.说出板框式压滤机的工作原理（过滤、洗涤）2.说出真空转鼓式过滤机的工作原理	掌握板框式压滤机的结构、使用	1.培养学生设备操作中的安全意识 2.培养良好的思维习惯和职业规范	1.价值引领 2.生命健康，尊重医护人员	对比分析 虚拟仿真	多媒体教室 机房
项目九 离心设备	离心设备	说出管式高速离心机、碟片式离心机、卧螺离心机的工作原理	掌握管式高速离心机、碟片式离心机的使用	1.培养学生团队合作、与人沟通的能力 2.树立良好的职业道德	1.培养节能、环保、经济思维 2.强化学生在生产与检测岗位上的安全意识	对比分析 虚拟仿真 翻转课堂	多媒体教室 机房
项目十 萃取设备	萃取设备	1.说出多级错流萃取和多级逆流萃取的特点 2.常用的萃取设备有哪些，简述结构特点	掌握萃取设备的结构、使用	1.培养学生自主学习、团队协作能力 2.能够吃苦耐劳，有良好的心理素质	1.勇于创新,执着拼搏的科学精神 2.中医药自信 3.树立环保意识	案例教学 虚拟仿真	多媒体教室 机房
项目十一 离子交换设备	离子交换设备	1.说出离子交换设备的分类 2.说出普通离子交换罐、反吸附离子交换罐、混合床交换罐的结构	掌握混床的结构、使用	1.培养学生分析问题和总结问题的能力 2.培养学生积极创新的能力	1.节约用水、环境保护 2.开拓奉献、爱国主义	重点回顾 虚拟仿真	多媒体教室 制水车间 机房

六、教学方法设计

本课程采用课堂讲授与实训交叉排课方式,教学中要积极改进教学方法,以学生为主体,按照学生学习的规律和特点,从学生实际出发,充分调动学生的主动性、积极性,激发学生独立思考和创新意识,培养勇于实践的能力。

理论教学中多采用现代化多媒体教学,多采用案例教学、问题教学等教学方式,力主使学生更好地掌握必需够用的理论知识。实训教学主要在校内生产性实训基地——发酵车间中进行,使学生在仿真车间进行实践锻炼,以便于增强学生的应用能力和操作能力。

七、教学考核要求

本门课程采用终结性评价和过程性评价相结合的方式,以更好地反映学生对所学知识的掌握程度和实际操作能力。

(1)过程性评价(占总成绩的50%)。包括理论课的评价(25%)、实训课的评价(25%),其中,学生自评占10%,小组互评占20%,教师评价占70%。学生对理论课的基本素质、课堂表现、学习成效、增值评价、综合评价等进行评价,对实训课的基本素质、专业素质、职业素养、综合评价等进行评价。教师对理论课的基本素质、课堂活动、增值评价、学习成效等进行评价,对实训课的基本素质、专业素质、职业素养等进行评价。

(2)终结性评价(占总成绩的50%)。终结性评价在该门课程结业时进行,对学生该学期所学的理论知识和技能操作进行全面综合测评,其中,理论知识占30%,技能测试占70%。总成绩的50%即为终结性评价结果。终结性评价要求命题覆盖面广,试题难度适中,题量适当。理论部分采用口答方式,重点考核学生运用知识和技能的综合能力,允许和鼓励学生发表独到见解。实训部分主要包括对设备的认知程度、实际操作等方面。

"生物制药设备"课程考核内容及分值比例一览表

评价形式	评价主体		分值	评价项目
过程性评价	理论课的评价	学生自评(10%)	25%	基本素质、课堂表现、学习成效、增值评价、综合评价等
		小组互评(20%)		基本素质、课堂表现、学习成效、增值评价、综合评价等
		教师评价(70%)		基本素质、课堂活动、增值评价、学习成效等
	实训课的评价	学生自评(10%)	25%	基本素质、专业素质、职业素养、综合评价等
		小组互评(20%)		基本素质、专业素质、职业素养、综合评价等
		教师评价(70%)		基本素质、专业素质、职业素养等
终结性评价	教师评价		50%	学生对基本技能的掌握与应用情况
学生总成绩＝过程性评价(50%)＋终结性评价(50%)				

八、课程教学团队

本课程教学团队共 5 人。主讲教师具有较高的学历,拥有丰富的、较为完善的专业知识体系,拥有实际的工作经验和相应的技能,能全面了解课程的内容,担任山西省职业技能鉴定考评员,任课教师主要由校内"双师"教师和企业兼职教师组成,体现高等职业教育职业性、实践性的特点。

九、教学资源

本课程的实施要求具有下列资源。

(一)主要教材与教学参考书

《生物工程设备》　　　主编　　　徐清华　　　科学出版社
《制药设备》　　　　　主编　　　凌沛学　　　中国轻工业出版社

(二)网络资源

小木虫、药圈、药家网、丁香园等专业网站。

(三)教学资料

开发案例库、试题库、课件等教学资料,并及时更新,以便学生及时巩固复习,提高自学能力,激发学生的学习兴趣,促进学生对知识的理解和掌握。

(四)实训条件

校内生产性实训基地——生物制药实训中心。

附录 10 评价表

"生物制药设备"课堂教学质量教师评价表(理论课)

_____年_____学期_____系_____专业_____班

一级指标	二级指标	等级标准			
		A (优秀)	B (良好)	C (合格)	D (不合格)
1 基本素质	1.1 学生出勤				
	1.2 学习纪律				
	1.3 学习态度				
2 课堂活动	2.1 听课效果				
	2.2 课堂互动				
	2.3 网络教学				
	2.4 团队合作				
	2.5 创新思维				
4 增值评价	4.1 素质提高				
5 学习成效	5.1 基本素质				
总　计					

"生物制药设备"课堂教学质量教师评价表(实训课)

_____年_____学期_____系_____专业_____班

一级指标	二级指标	等级标准			
		A (优秀)	B (良好)	C (合格)	D (不合格)
1 基本素质	1.1 学生出勤				
	1.2 学习纪律				
	1.3 学习态度				
2 专业素质	2.1 操作能力				
	2.2 软件操作能力				
	2.3 实训报告				
3. 职业素养	3.1 团队合作				
	3.2 操作规范				
	3.3 安全生产				
	3.4 增值评价(素质提高)				
总　计					

"生物制药设备"课堂教学质量教师同行评价表(理论课)

_____年_____学期_____系_____专业_____班

一级指标	二级指标	等级标准			
		A (优秀)	B (良好)	C (合格)	D (不合格)
1教学内容	1.1课程思政资源				
	1.2教学设计				
2团队教师	2.1教学能力				
	2.2教学素养				
3教学实施	3.1教学方法				
	3.2教学手段				
	3.3网络教学				
4期末活动	4.1期末考试				
5教学评价	5.1教学评价				
6教学反思	6.1教学反思				
总　计					

"生物制药设备"课堂教学质量教师同行评价表(实训课)

_____年_____学期_____系_____专业_____班

一级指标	二级指标	等级标准			
		A (优秀)	B (良好)	C (合格)	D (不合格)
1 教学内容	1.1 课程思政资源				
	1.2 实训内容				
2 教学准备	2.1 教学准备				
	2.2 教学设计				
3 团队教师	3.1 教学能力				
4 教学实施	4.1 教学方法				
	4.2 信息技术				
5 期末活动	5.1 技能考试				
6 教学评价	6.1 教学评价				
7 教学反思	7.1 教学反思				
总　计					

"生物制药设备"课堂教学质量学生评价表(理论课)

_____年_____学期_____系_____专业_____班

一级指标	二级指标	等级标准			
		A (优秀)	B (良好)	C (合格)	D (不合格)
1 教学内容	1.1 课程思政资源				
2 团队教师	2.1 教学能力				
	2.2 教学素养				
	2.3 教学语言				
	2.4 教学知识				
3 教学实施	3.1 教学方法				
	3.2 教学手段				
	3.3 教学纪律				
	3.4 课后活动				
	3.5 网络教学				
总　计					

"生物制药设备"课堂教学质量学生评价表（实训课）

_____年_____学期_____系_____专业_____班

一级指标	二级指标	等级标准			
		A（优秀）	B（良好）	C（合格）	D（不合格）
1 教学内容	1.1 课程思政资源				
	1.2 实训内容				
2 教学准备	2.1 教学准备				
3 团队教师	3.1 教学能力				
	3.2 示范操作				
4 教学实施	4.1 教学方法				
	4.2 课堂互动				
	4.3 信息技术				
	4.4 实训报告				
5 教学效果	5.1 学生掌握情况				
总　计					

"生物制药设备"课堂教学质量学生自评、互评表（理论课）

_____年_____学期_____系_____专业_____班

一级指标	二级指标	等级标准			
		A（优秀）	B（良好）	C（合格）	D（不合格）
1 基本素质	1.1 学习纪律				
	1.2 学习态度				
2 课堂表现	2.1 听课效果				
	2.2 课堂互动				
	2.3 团队合作				
	2.4 创新思维				
	2.5 课后作业				
3 学习成效	3.1 学习成效				
4 增值评价	4.1 素质提高				
5 综合评价	5.1 综合素质				
总　计					

"生物制药设备"课堂教学质量学生自评、互评表（实训课）

_____年_____学期_____系_____专业_____班

一级指标	二级指标	等级标准			
		A （优秀）	B （良好）	C （合格）	D （不合格）
1 基本素质	1.1 学习纪律				
	1.2 学习态度				
2 专业素质	2.1 操作能力				
	2.2 软件操作能力				
	2.3 实训报告				
3. 职业素养	3.1 团队合作				
	3.2 操作规范				
	3.3 安全生产				
	3.4 增值评价(素质提高)				
4 综合评价	4.1 综合评价				
总　计					

附录11 "生物制药设备"课程思政 教学效果调查表

您好！为了了解"生物制药设备"课程思政教学改革实施的效果，现对在校学生进行问卷调查。本问卷实行匿名制，请您抽出一些宝贵的时间按自己的实际情况填写问卷，所有数据只用于统计分析，题目选项无对错之分。希望您能够积极参与，我们将对您的回答完全保密。谢谢您的配合和支持！

"生物制药设备"融入课程思政很有必要［单选题］*
○A 同意
○B 无所谓
○C 不同意

本课程的思政内容中体现了"家国情怀"这一思政元素［单选题］*
○同意
○无所谓
○不同意

本课程的思政内容中体现了"工匠精神"这一思政元素［单选题］*
○A 同意
○B 无所谓
○C 不同意

本课程的思政内容中体现了"劳动精神"这一思政元素［单选题］*
○A 同意
○B 无所谓
○C 不同意

本课程的思政内容中融入了"节约意识、成本意识、质量意识、大局意识"等与职业素养相关的思政元素[单选题]＊
　　○A 同意
　　○B 无所谓
　　○C 不同意

"生物制药设备"课程思政内容比较恰当[单选题]＊
　　○A 同意
　　○B 无所谓
　　○C 不同意

课堂上有关中国的话题、素材等内容的比例适中[单选题]＊
　　○A 同意
　　○B 无所谓
　　○C 不同意

课程思政内容的融入,增加了专业课的趣味性,提高了学习兴趣、效果[单选题]＊
　　○A 同意
　　○B 无所谓
　　○C 不同意

课程思政对自己未来作为药学工作者的职业认同感有提高[单选题]＊
　　○A 同意
　　○B 无所谓
　　○C 不同意

课程思政有助于正能量"三观"的培养[单选题]＊
　　○A 同意
　　○B 无所谓
　　○C 不同意

课程思政提高了规范操作、爱岗敬业的意识［单选题］＊

○A 同意

○B 无所谓

○C 不同意

本课程思政内容引入的方式比较恰当,不太生硬［单选题］＊

○A 同意

○B 无所谓

○C 不同意

考试时应适当结合课程思政［单选题］＊

○A 同意

○B 无所谓

○C 不同意

附录 12 "生物制药设备"课程思政 教学效果调查表(修订版)

"生物制药设备"融入课程思政很有必要　[单选题]

选项	小计	比例
A 同意	84	92.31%
B 无所谓	4	4.4%
C 不同意	3	3.3%
本题有效填写人次	91	

本课程的思政内容中体现了"家国情怀"这一思政元素　[单选题]

选项	小计	比例
同意	87	95.6%
无所谓	2	2.2%
不同意	2	2.2%
本题有效填写人次	91	

本课程的思政内容中体现了"工匠精神"这一思政元素　[单选题]

选项	小计	比例
A 同意	88	96.7%
B 无所谓	2	2.2%
C 不同意	1	1.1%
本题有效填写人次	91	

本课程的思政内容中体现了"劳动精神"这一思政元素　[单选题]

选项	小计	比例
A 同意	87	95.6%
B 无所谓	2	2.2%
C 不同意	2	2.2%
本题有效填写人次	91	

本课程的思政内容中融入了"节约意识、成本意识、质量意识、大局意识"等与职业素养相关的思政元素　[单选题]

选项	小计	比例
A 同意	87	95.6%
B 无所谓	2	2.2%
C 不同意	2	2.2%
本题有效填写人次	91	

"生物制药设备"课程思政内容比较恰当　[单选题]

选项	小计	比例
A 同意	85	93.41%
B 无所谓	4	4.4%
C 不同意	2	2.2%
本题有效填写人次	91	

课堂上有关中国的话题、素材等内容的比例适中　[多选题]

选项	小计	比例
A 同意	89	97.8%
B 无所谓	1	1.1%
C 不同意	1	1.1%
本题有效填写人次	91	

课程思政内容的融入，增加了专业课的趣味性，提高了学习兴趣、效果 ［多选题］

选项	小计	比例
A 同意	85	93.41%
B 无所谓	5	5.49%
C 不同意	1	1.1%
本题有效填写人次	91	

课程思政对自己未来作为药学工作者的职业认同感有提高 ［单选题］

选项	小计	比例
A 同意	86	94.51%
B 无所谓	3	3.3%
C 不同意	2	2.2%
本题有效填写人次	91	

课程思政有助于正能量"三观"的培养 ［单选题］

选项	小计	比例
A 同意	86	94.51%
B 无所谓	3	3.3%
C 不同意	2	2.2%
本题有效填写人次	91	

课程思政提高了规范操作、爱岗敬业的意识 ［单选题］

选项	小计	比例
A 同意	84	92.31%
B 无所谓	6	6.59%
C 不同意	1	1.1%
本题有效填写人次	91	

本课程思政内容引入的方式比较恰当,不太生硬 ［多选题］

选项	小计	比例	
A 同意	82		90.11%
B 无所谓	5		5.49%
C 不同意	4		4.4%
本题有效填写人次	91		

考试时应适当结合课程思政 ［多选题］

选项	小计	比例	
A 同意	86		94.51%
B 无所谓	4		4.4%
C 不同意	1		1.1%
本题有效填写人次	91